建筑师生存手记

罗松 著

机械工业出版社
CHINA MACHINE PRESS

本书是继《将建筑进行到底——建筑师的成长手记》之后，建筑师罗小姐的又一力作。罗小姐以建筑师的工作性质和生活体验为蓝本，剥茧抽丝地描绘与记录了青年建筑师的非典型生存状态。关于成长的迷茫与焦虑，人生际遇的出其不意，旅途中的百感交集……可以在罗小姐幽默诙谐的文字中找到你要的答案。

图书在版编目（CIP）数据

建筑师生存手记 / 罗松著. —北京：机械工业出版社，2019.5
ISBN 978-7-111-62151-5

Ⅰ. ①建… Ⅱ. ①罗… Ⅲ. ①建筑学—青年读物 Ⅳ. ①TU-0

中国版本图书馆CIP数据核字（2019）第039168号

机械工业出版社（北京市百万庄大街22号 邮政编码100037）
策划编辑：时 颂 责任编辑：时 颂
责任校对：梁 倩 樊钟英 封面设计：罗 松
责任印制：孙 炜
北京联兴盛业印刷股份有限公司印刷
2019年7月第1版第1次印刷
145mm×210mm·9.125印张·190千字
标准书号：ISBN 978-7-111-62151-5
定价：59.00元

电话服务 网络服务
服务咨询热线：010-88361066 机 工 官 网：www.cmpbook.com
读者购书热线：010-88379833 机 工 官 博：weibo.com/cmp1952
010-68326294 金 书 网：www.golden-book.com
封面无防伪标均为盗版 机工教育服务网：www.cmpedu.com

意大利作家卡尔维诺在《巴黎隐士》中这样写道："我对任何唾手可得，快速，出自本能，即兴，含混的事物没有信心。我相信缓慢，平和，细水流长的力量，踏实，冷静。我不相信缺乏自律精神，不自我建设，不努力，可以得到个人或集体的解放。"

——引言

序

　　罗松，作为当今建筑界一位跨界文学写作的女建筑师，业界已不陌生。就如她在网络上的自述："80后女建筑师，建筑界自媒体先锋，自由撰稿人，不敬业的专栏作家。建筑学科班出身，擅写小故事，阑珊小字信手拈来，写建筑，写旅行，写脚下的路。"整个人充满了对建筑之外的好奇和永不停歇的力量。这不，她的又一部作品《建筑师生存手记》要出版了！

　　她电邮小样给我，并嘱我写序。

　　这是一部以建筑师成长时序为架构撰写的半自传体杂文集。其历史与故事并置，白描与演绎杂糅，感想与说教并举，纵横捭阖任思路驰骋到哪儿算哪儿的特色倒是罗小姐的文风所在。圈内的读来有联想，有共鸣；圈外的读来有趣味，不艰涩。

　　《建筑师生存手记》这本书据说花费了她一年有余的时间，从构思、打腹稿、开始动笔到成稿，可谓一气呵成，比照一个建筑方案的创作似乎长了些，但比照一个建筑作品真正的诞生过程——从草图的构想、方案的深化、初步设计的展开、施工图的绘制、工地的交底、施工的督造，到竣工验收、交付使用——来讲，这一写作的过程却又是另一番的艰辛。这种立足本职工作，从职业中寻找灵感，又将灵感演化为职业创作的执业状态和人生态度，是我相当赞赏的。

长期浸染于中国建筑界的执业环境，并没有磨灭她对世界的敏感和好奇。随着阅历的日渐丰富，她更娴熟地将事业和生活交织在一起，互为调侃，互为快乐，达到了一种悠然自我的状态，这也是坊间很多人喜爱她文字的原因。

她在一开篇就以"学建筑是我一生最正确的选择"开场，旗帜鲜明，像是自我的人生宣言。当你读过第一幕，对照着自己也曾经经历的建筑学大学本科的岁月后，你一定会有共鸣。那经历过迷茫、翘课、实习、暗恋、入职、考一注……能坚持到今天，依旧执着地说"学建筑是我一生最正确的选择"的人或许应该有些特殊的品质。

建筑师作为一种职业，显然不如一门爱好令人愉悦，因为作为建筑师有着太多的责任和操守，这种职业的成人礼有时甚至是痛苦的，它令每一位建筑师记忆犹新，成为自己职业生涯中的一个里程碑。罗松在她书的第二幕里就描述了一位建筑师的蜕变与成长。

本书的一个特点是字里行间充满了作者从心底里对建筑师的尊崇和作为建筑师的自豪。她以一贯自我调侃的文风，通过自己与教授级高工们的屡次"过招",郑重其事地用文字对当下中国的教授级高工进行了描述:第一,教授级高工是一群特别敬业的人;第二,教授级高工是一群乐观向上的人;第三,教授级高工是一群自己亲自画图的人;第四,教授级高工是一群特别有爱心的人。加上作者以亲身经历写就的建、结、水、暖、电专业配合的种种,这也是当今中国主流设计院执业群体的客观写照,这一描述给本书增添了不少正能量。

本书的另一个特点是按照作者的职业动线,走哪儿算哪儿,放松愉快而有感地徜徉在建筑的世界里。这一点可以从第三幕作者所描述的,游走于日本东京、中国香港等地的现场感受的演绎中体会到。古今中外但凡优秀的建筑师都曾从旅行中获得过灵感。日本建筑家安藤忠雄的传奇就始于"一个人的旅行"。他曾经感慨:"旅行可以塑造人,学习建筑也是一样。建筑必须实际造访当地,以自己的五官去体验空间,才有可能真正领会。所以建筑师必须迈开脚步。"我想,作者职业的灵感也应该得益于此。

这本书以一位建筑师的经历为主线,所思、所想、所作、所为,既聚焦建筑师的日常轨迹,引发建筑师读者的共鸣;又有发散的遐想、演绎和感慨,让一般读者得以窥探建筑师神秘的内心世界,的确是很有意思的一本书。

好的建筑师不仅要经过专业技能的训练,更要见多识广,幽默而豁达。我很高兴这个时代有罗松这样有情怀、有梦想,既将建筑作为本职、同时又将建筑作为爱好的建筑师。

希望这本书成为她在建筑人生道路上的一个新起点。

谨以上述文字贺本书出版，是为序。

庄惟敏

2018 年 10 月 05 日于清华园

目 录

第一幕

理想与坚守

这个世界是有暗香的，

你或是努力在白昼，

或是在黑夜里前行，

都不会感到孤单。

他是绵长忧郁里的一丝亮光，

照亮远方的漫漫长路。

一件事情，明天再看，明年再看，隔上三年再看，十年以后再看……都会有不同的
看法和结论。唯独当下所想，是离真相最远的。人世间最玄妙之处，就是唯有时间，
会给出所有你想要的答案。

学建筑，
是我一生最正确的选择

我从未想过，我会走上建筑这条路。

也从未想过，竟然一不小心走到了今天。

命运真的是个神奇的东西，事先给你设定好一处起点，再用一双有力的手，朝着早已限定好的方向，推动着你，一步一步向前。

不知从何时起，在建筑业内部开始流传这样两组源头不明的对话。

第一组：

A（行外）问："我娃今年要高考了，他想学建筑，您在这个行业从业这么久，您觉得搞建筑这玩意儿靠谱吗？"

B（行内）答："嗯，如果是亲生的，就不要学建筑啦！"

第二组：

A（行外）问："听说你娃今年要高考了，是不是想让他子承父业喔？"

B（行内）答："打住！说什么呢？我这娃可是亲生的！"

此处留下，目瞪口呆的娃……

高考填报志愿的前夕，看到太多的舆论误导，直指建筑学甚至建筑师这个职业为夕阳行业。甚至还有姑娘说，既然大家现在如此唱衰建筑学，那……咱们现在报考建筑，就相当于"抄底"了吧？嗯，好吧，让我们一起来看看这个所谓"抄底"的专业。

坊间的传说是这样的：他每天工作到深夜，没有自己的时间和空间；她每个周末都要加班，没有时间陪伴家人；他辛辛苦苦干了一整年，一个标都没投中，年底的收入交不起来年的房租；隔壁所那么可爱的结构男，前天脑溢血住进了医院；楼上规划院的张三，女朋友竟然跟一个"码农"好上了……

这些故事，或多或少都曾经在我们身边真实地上演过。我们摇头，抱怨，甚至开始怀疑，是否选错了道路？曾经的笃定变成了摇摆不定，我们的未来在哪里？我们将要走向何方？

必须要承认的是：学建筑，是人生中一次重要的选择，选择一种职业，选择一种人生。要有心理准备的是，建筑师这个职业，从 20 岁到 80 岁都将肩负着较高强度的工作，钻研的过程绵长而周折，但辛苦中往往透着快乐。

诺曼·福斯特事务所在官方平台上每日发布福斯特爷爷的日常，这位泰晤士河岸的男爵，虽现已八十高龄，但几乎每天都在工作。最常见的场景就是，福斯特先生身穿各色花式衬衫，左手执笔，在游艇上、在书房里、在吊床上、在彩虹充气小鸭中……专注地画着草图。

从福斯特先生案头上的摆件来看，他有可能是个严重的"笔控"。只要他在画图，手边，永远摆着花里胡哨的各色绘图笔，雨露均沾，很少重样儿。我们还可以发现很多小细节：他坚持晨起工作；他拥有骚情洋溢的红色笔袋；他喜欢边画图边吃零食；他爱用大号的白纸本；他酷爱户外运动，擅长骑行、皮划艇、滑雪……呜呼！他身材真好。（此处掩面……）

这位年事已高的花样男子是个如此热爱生活的人，而建筑，并不是单一而孤立地存在，而是完全融入他的生活之中，看样子，这位"80 后"（80 岁以后统称"80 后"），也许会工作到生命的最后一天。

十月的上海，看了一场之前并没有进行大肆宣传的建筑展：栖居的庆典，真实·虚拟·想象——巴克里希纳·多西建筑回顾展。多西也是这样一个电力十足的老年美男子，这位 90 岁的老先生，有着与日本现代建筑设计鼻祖前川国男先生一样的身世。二十几岁时，师从柯布西耶，之后回到印度当柯布西耶在地项目的驻场建筑师，并在这之后60余年的时间里，于自己的故土将现代建筑设计理念与地域性相结合并发扬光大。他说他有三位精神爱豆：柯布西耶、路易斯·康和泰戈尔。

穿过充满着异域风情的展廊入口，我独自坐在被黑布遮蔽的简陋的暗房里看多西爷爷的影像，这位慈祥的老者，用一生的时间在钻研着一栋又一栋的房子，真诚且令人动容。他在桑珈建筑师工作室设计了一个圆形的纪念碑，以此纪念曾经立于此处的一株芒果树；他认为建筑是鲜活的，它将永存逝去之物，并不断地生长蔓延……我瞬间明白了，建筑，是付出是给予，是怀念是呈现。因为热爱，影像里的每一帧，他都是幸福的，那种幸福感掩饰不了，也装不出来。

职业建筑师，有一个奇怪的共性，段位越高，越能在高强度的工作中保持较高的颜值。并且这颜值随着年龄的增长呈指数递增。这就很好解释为什么许多著名建筑师年事已高，却依旧风度翩翩，颠倒众生(比如弗兰克·盖里)。建筑设计维系着一个人终生的修养与容貌的提升，建筑师步入中年后，即是爱情杀手，所到之处，无往不利。

也许你会跳出来反驳，上面的二位老者，立于"食物链"的顶端，建筑之于普通的建筑师，是沉重的负荷，是斩不断的桎梏，是挥之不去的疲惫枷锁。

建筑之于我们的意义，不仅仅是坐在计算机前画上几根线，画图仅仅是建筑的表达方式之一。正如庄惟敏先生所言：以格罗皮乌斯、塞尔特、巴奇马等为先驱的现代全体论者，他们拒绝机械的现代化专业分工，跨越在理论、实践与教育、城市与建筑、人文与科技之间，坚实地推动了人工环境以及人类生存标准的普遍意义上的人的提升。

建筑并不仅仅是一门纯粹的应用科学，它更是一种精神层面的建构。建筑，直指我们的内心。

和匠人无寓聊天，他说建筑学其实是一个操作系统，在这个操作系统上，可以安装很多软件。于是，那些从建筑系大门走出的我们，在漫长的人生旅途中，纷纷成为导演、美食家、插画师、账房先生，甚至摇滚女歌手……无论你的未来在何方，建筑学带给你自身的素养，终将伴随你的一生。它是你抹不去的印记，让你在漫漫长路上走得步履生风。

我也曾经彷徨过，在加班的深夜，在空无一人的地下车库，在拥堵不堪、寸步难行的上下班高峰，在冬日天没亮也要坚持爬起来的清晨，在深夜两点才刚刚降落的机场航站楼里……这些场景，大家一定也经历过。那一个个或悲或喜、迂回转折的片段，因为建筑的存在，如此真切地写进了我们的生命里，它是力量，是记忆的财富；建筑，曾经那么多次，带给我们彷徨和忧伤，幸福和快乐，这一切起承转合，真的值得。

爱，与被爱。

建筑，曾给予我的太多太多。

我从未有如今日般困惑，亦从未有如今时般笃定。活在当下，即便有些许不如意，也一定要时常张望远处依稀闪烁的光亮。永远不要放弃自己的梦想，因为，它是方向。建筑，依旧是我午夜梦回，枕畔辗转反侧的白月光。

毕业十年后的我们

绿叶对根有情义，吾常饮水而思源。

北交大的校庆，是每年的九月，同时，也是同学会的大日子。

九月是北京最好的季节，天凉好个秋，校园里的银杏树、梧桐树也正值观赏旺季，伴随着小风嗖嗖，摇曳生姿。

我上大学那会儿，每逢九月，必然陷入热恋，然后在圣诞节前后，失恋分手拜拜（以至于就从来没有过上传说中的情人节），年复一年，神奇之至。但所幸的是，历届前任，都没有同系同班同学，所以每到同学会之时，都可以本色出演，百无禁忌，毫无压力，与广大同窗兴致勃勃赤诚相见。

总觉得自己的记忆能力没有发挥在有用的地方，应试教育的那些年，"奇变偶不变，符号看象限"，读了十遍，也时常是记不住的，总是陷入"马什么东梅"这类问题的无效循环中。但是，咱也是有特长的，总是能对一些空间、场景这种具象的客观存在记忆犹新。我至今还记得 2001 年 9 月 11 日那天（对，就是"9·11"那一天），宿舍里除了我以外的七个姑娘入学报到走进 15 楼 413 宿舍时的景象。

我是第一个入住宿舍的，因为在那年夏天，第 N 届世界大学生运动会闭幕式需要演出，我彼时作为北交大交响乐团的成员，需要提前完成新生报到，于是就成为第一个进驻 15 楼 413 的人。而到了全体新生正式报到那天，我坐在床边，静候着即将与我同居五年之久的姑娘们一一闪亮登场。

YY 是湖北人，论祖籍，与我算是同乡。那天她最早到，她的哥哥陪她一起来的，帮她铺床叠被，把她的饮食起居安排得非常妥帖，她像个小公主一样被人罩着呵护着，作为独生子女的我很是羡慕。整个大学五年，她应该算是我们宿舍最有思想的人，每次大设计作业都要思考好久才动笔，导致每个学期几乎都是最后一个交上作业。

当然，需要特别提及的是，是她带我人生第一次走进夜场；是她陪着我度过刚参加工作时的那段时光……对，没错，那个穿着红色性感睡衣站在我的床上跳舞的就是她，和我共用一支口红的也是她。

毕业十年了，YY 现在已经是上海某地产公司的女高管，她是我们班最早一批投身地产的同学，最夸张的时候，一个人手上九个项目，记得一次与她吃晚餐，吃到一半，设计单位的院长打电话过来，YY 告诉院长，让他们赶紧换一个设计团队，现在这个拉黑！我笑她，你如今怎么修炼得如此跋扈？怎么由从前的"小白兔"，变成了今天的"大灰狼"？

JJ 报到的那天，竟然坐在自己上铺的床上哭了。那天的情形是这样的：JJ 并没有如其他同学那样由父母或者亲属来帮助她安顿起居，她自己一个人和几个高中同学坐了二十几个小时的火车来到北京，独自报到（现在想来在当年的新生队伍里算是十分有种的）。眼看着彼时宿舍里的每一个新生，都有人帮着忙前忙后张罗着，她自己在上下铺独自攀爬，夏末的蚊子又十分猖獗，而挂不上蚊帐这件小事，成了压倒她意志的最后一根稻草。

JJ 是我们班名副其实的学霸，就是那种高数都能考 100 分的人，什么结构力学、钢结构这种我至今都没学明白的课，JJ 若是考了 90 多分，那都算发挥失常，以至于我一直觉得自己和 JJ 的脑细胞成分不大一样。

毕业十年了，就是这个当年坐在上铺因为挂不上蚊帐哭鼻子的文静姑娘，现在已经在规划委审批项目了，岁月真是把杀猪刀，杀掉的不是懵懂的青春岁月，而是让我们都蜕变成更加坚韧的自己。嘿嘿，没准儿哪天，我的文本就要抱到她面前批阅了。

前年岁末，我与四个同学一起跨年，吃日本料理。我们五个人中，两个在当甲方，一个在做遗产保护研究，一个在规划局工作，还有一个是我——设计院小罗。啧啧感叹，岁月的安排真的很奇妙，你永远无法预料，某一天，你会在哪儿，与谁在一起把酒言欢。所幸，我们五个人都还为建筑而忙碌着，没有人改行，也没有人去承包鱼塘。

一个很有意思的现象，我们这一届的建筑系同窗们，几乎所有的人，都留在了建筑相关行业，无论是在规划委、设计院还是地产公司，都从事着与建筑相关的工作。与之打交道的房子包括民用的、军用的、工业用的……但干来干去，都还是老本行。而我们后面的学弟学妹们，他们的人生真是精彩纷呈，花样迭出，出现了纪录片导演、民宿老板娘、摇滚歌手、美食家、插画师等更多样化的职业，剩下几个坚持建筑理想的，都成立了自己的建筑事务所。对于这种现象，我们班在龙湖地产的一位同学一语"道破天机"：可能是……因为我们这届比较穷吧。（瞎说什么实话。）

学习建筑，从事建筑，以建筑为养，靠建筑谋生。

近来常有媒体在调研各大高校建筑系的应届毕业生的去向大数据，从事设计行业的有多少，去了甲方投诚的有多少，改行为电商的又有多少……其实，还有一份大数据更值得深入研究，就是毕业五年后的我们，毕业十年后的我们，毕业二十年后的我们都在哪里？又都在做些什么呢？

幸好，

十年了，女生们的体重，还没有从量变到质变；

十年了，男生们的头发，还执拗地飘荡在额前；

还记得那个目光清澈的少年，

那一排银杏，和那么蓝的天。

成长就是把逃过的课，
一点点补回来

曾经有一句歪谈，大学有三项"必修课"：恋爱、逃课和挂科。如果少经历了一样，你的大学生活是不完整的。

所幸，（到底是幸，还是不幸？）我……我……我三项全能。恋爱嘛，是秘密，不足以与他人道也。挂科嘛，就是我至今认为有些课真的是学不懂的，比如结构力学。这与我工作后一直在黑结构男有直接的关系，他们竟然掌握了一门在我看来是天书的生存技能，这怎么能不令人发指呢？

但是，逃课这种事，真的是一项主观题。有课，但不去上，那就是自己的问题了。在大学期间，总体来说我还算是比较乖的。前些日子流传甚广的那张教室里上课的座位区位图，我一般都是高级阳光 SPA 专区，因为钟爱于冬天里的太阳。但偶尔也会在学霸区，因为如果迟到了的话，那么就只剩下教室第一排还有空位了。（表决心完毕，我当然是逃过课的啦！）

很多事情当你拥有的时候，我们并不会察觉它的珍贵。爱情是这样，逃过的课也是这样。于是，工作之后，那种渴望再次听课深造的念想，可谓是丧心病狂地一次次涌向我的脑海。

从业，即开始了漫长的实战，每个项目从方案做到施工图，再也不是纸上谈兵。图一张一张地画，楼一层层地盖。眼看着自己设计的图纸，从土地平整到挖大坑再到封顶挂条幅，一件件一桩桩，我们终日忙碌在项目会议、图海与工地现场之中，渐渐地，我开始怀念起了上大课的日子，曾经的教室、讲台，还有我的高级阳光 SPA 专区。

幸好，工作之余，也常有一些课程以及讲座，听听防火规范，听听玻璃幕墙，听听地下室防水，听听安藤忠雄、伊东丰雄和冯唐。只是，与学生时代不同的是，此时如果再有一点点的听课机会，我都会早早走进教室，坐在前排最好的位置，我是那样地渴望课堂，渴望吸收新知识。时过境迁，渐渐才明白，原来成长，就是把曾经逃过的课一点点地补回来。

我认真地听课，认真地记笔记，仿佛时光倒流，又回到了银杏树下的那个空旷的阶梯教室。内心充满着自责与懊悔，哎呀这个傻丫头呀，你为什么时至今日方才晓得上课的珍贵呢？那些美好的校园时光，白云苍狗，一去而不复返。

后来，每逢遇到还在象牙塔里跋涉的姑娘们，我都会如唐僧般语重心长地游说：一定要珍惜大学里的宝贵时光，那是一个自由之丘，让你肆意地沐浴在无边的知识海洋，每天都有各种课任你上。可以必修，可以选修，甚至还能旁听，只要你想，你可以学到任何你想了解的知识。

实习时与一个清华建筑系的姑娘玩儿得特别好，她偷偷告诉我，她一直喜欢北大的一个心理学教授，于是她每周都去旁听他的课。听着听着，她便暗自决心投身于心理学的系统学习之中，后来她果然读了心理学的研究生。试想一下，一个学建筑的姑娘，再懂点儿心理学，那是一种多么强大的存在啊？是不是此时后背泛起了一丝凉意？

传递正能量和正确的价值观，是公众人物的责任和义务（也不知道谁把我定位为公众人物的），我是不主张逃课的，但在我上学的那个年代，那个没有智能手机的年代，遇到不喜欢的课，就只能靠毅力和个人修养了。而喜欢上的课也分两种，一种是因为老师确实讲得好，情节跌宕起伏丝丝入扣；而另一种是因为，老师颜值高。

大学里最喜欢的老师，是东南大学毕业的。当年真是一颦一笑牵动着女生们的心弦呐（甚至男生们的心弦）。大一时的设计初步课，他亲自演示如何削铅笔，我们二十几个人就这么目不转睛呆呆地看着他削铅笔。这么说吧，他教的课，没有一个逃课的，每一届！是每一届啊！所以，后来他的学生得了普利兹克奖，我们一点儿都不意外。

在毕业后的漫长岁月里，现实是慌乱而局促的，上课的机会其实少得可怜。为了填补自己如狼似虎、如饥似渴的求知心，书籍便成了精神世界里最深的牵绊。我十分迷恋翻开一本书时的墨香，印刷的味道，纸张的味道，甚至在怀抱着一本书时，就会真切地感受到书籍带给自己的无限安全感。这样一想，此时办公桌上那一排排天天向你示威的白皮规范们，是不是也性感了起来呢？

我们的身体，起初是一个"空洞"的自然载体，犹如一张白纸，我们每天需要吸收各种能量，来营养自己，而阅读与学习，如同摄入食物一般，成为最直接地滋养我们灵魂的方式。学习这件事，贯穿人的一生，是永不停步的征程。从前，总喜欢信誓旦旦地把人生设置在一个个节点上，比如，考完这场试，我就再也不用看这本书了，扔掉它、焚掉它、坑掉它，比秦始皇当年还决绝。渐渐地，你会发现，终于有一天，你无试可考了，而学习却成为你一生的习惯。它如食饭、饮水、睡眠一般重要，它充满了乐趣，它是你近在咫尺的诗和远方。

其实经常会回想，如果大学的时候，再努力一点点，再多看几本书，再多背几个单词，少谈几场恋爱，我的人生会不会朝着不同的方向走去？

每一个关卡，多走一步，少走一步，哪怕是生命中出现的每一个人，貌似都有它存在的意义，衍生出不同的命运与结局。

"种种昨日，皆成今我。"你站在镜子前，看看自己。你所有的过去，精彩、遗憾、崩溃、觉醒成就今日的你。你没有被任何事任何人击倒摧毁，你依旧心怀信仰，你依旧相信爱。那些曾经的波澜壮阔，让我们学会坚强，自处、慎独，而最终，一日日成为更好的自己。

前些日子听刘晓都先生说，他花了一个月的时间在百词斩上把 GRE 的单词又捋了一遍，我大为震惊。我们真的赶上了最好的时代，学习与上课的方式，不局限于课堂或是某个特定的时间点，只要你想，所幸，一切都还来得及。

实习生万象

在准备日本建筑旅行的时候，我曾经煞有介事地花时间研究了一下日本近现代建筑师的编年史，以及其中的师承关系。日本建筑界，有一个特别有意思的、如蜘蛛网般的建筑师人物关系图谱，而位于这个关系图谱中"食物链"的顶端，即是：前川国男。

在马卫东先生的访谈里，曾听到一则关于前川君的小故事。在前川国男的那个年代，日本还只是个小国，被主流西方国家所藐视，而前川国男之所以能加入当时国际顶级事务所师从柯布西耶，传说，是得益于前川国男他舅舅的帮助。

前川国男的舅舅彼时在联合国里任职，舅舅为了前川国男实习的那点事儿，专程去拜访了柯布西耶。

说："在下有一个外甥想来跟着大师您实习。"

柯布西耶也是十分耿直，马上回答："不需要。"

于是，舅舅和柯布西耶约法三章：

第一，就在您这儿待一年，一年后肯定卷铺盖。

第二，您让他做什么都可以，跑腿儿打杂儿，偶尔要是能参与一点儿设计，那是再好不过。

第三，实习不要一分钱。

柯布西耶想了想，人家都这么虔诚了，那就让他过来吧。

日本人就这样敲开了世界顶级建筑事务所的大门。这算是我所知晓的与实习有关的改变人生轨迹的最佳案例了。

某天早晨，我登录公司邮箱，收到一个实习生申请简历，是一个女孩子，简历上的出生日期赫然写着：1996 年。哎呀，我忽然一阵恍惚，简单算了一下，我比她大了……一圈，还拐弯儿。时光倒流至 2005 年，我开始实习的那一年，那也是一个春天。

我实习的时候有一位男神，是隔壁所的所长，那长相真叫一个盛世美颜，吴彦祖啥样他啥样，他是我实习不迟到的巨大动力之一。建筑师是经常要加班的，因此，他总是把他刚上幼儿园的小女儿接到办公室陪他加班。这个小女孩，就这样在设计院的走廊里，无忧无虑地跑来跑去。

画面一转，某年某月某日，在某场学术会议上我与旧日男神再度重遇，他照例认不得我，擦肩而过的瞬间（此处可脑补电影慢镜头），发现男神的头发白了百分之五十，面相慈祥了不少，年少时脸上的青涩也淡薄了许多，背也不再如当年那般笔直。"吴彦祖"活生生地变成了"李安"。不知道他这些年都经历了些什么，朝着佛系的路线，渐行渐远。

实习的时光是无忧无虑的，当年在一起实习的有六位实习生，两位来自北建大的电气自动化专业，四位是来自于不同高校的建筑系学生，我们很快就打成了一片，成了非常好的朋友，至今仍旧保持着联系。

其中一个一起实习的姑娘在感情上所遇非人。我看她状态不像失恋，上班，画图；下班，吃饭，看剧，压马路。马照跑，舞照跳，完全不受影响。我问她心里有没有一丝哀怨的涟漪？她抬起眼帘，放出一道光，对我说道："我，年轻，貌美，怕什么！"我至今记得当时的这个画面，特别有种。年轻真好。

转眼十几年过去了，实习的日子渐行渐远，很多当年的细节在记忆的长河里，也被蒙上了各式各样的滤镜，我自己也逐渐开始带一个又一个的实习生了，看着他们，偶尔也会看到曾经的自己。

一个大学四年级的小女生，与同班的男生一起来实习，男生一米八六，高大威猛，而女生，从外表上看，显得比较纤细柔弱。于是，我便尝试着指导她，完成一些相对简单的设计任务。

但我惊奇地发现，每次安排给她的工作，无论是有点儿复杂的小设计还是琐碎的小事，在她完成之后，都会拿一张单子给我，上面注明：她完成了哪几项、什么内容，哪些还有疑问。然后一项一项给我讲解说明。有时候，我手头的事情太多实在没时间马上顾及，她就会把这张纸放在我桌上，等我忙回来之后再细看。唉……我真的好喜欢她。做任何工作，都需要相应的反馈，有来而有往，有始而有终。心说，这是一个靠谱的姑娘！

当然，还有另外一种情况。有一回，一个男实习生和我说，他们班还有个女生没有找到实习单位，看能不能来我们这里实习。第二天，他带来了这个姑娘。男生平时很努力，安排的工作和图纸都能较好的完成，但是后来，我发现了一个小秘密，每次我让那个姑娘画点什么，都是由男生代劳完成的，我陷入了沉思。（主要是沉思，我当年实习的时候，怎么没有遇到这么好的男生！嘿嘿。）

还有一个可爱的实习生，我发现她画图时经常用微信电脑版聊天，聊天对象的名字叫"亲爱的"（偷看别人电脑是不对，但每当遇到八卦我总是眼神儿太好），后来发现她在工作中遇到任何疑问，都首先向这个"亲爱的"寻求答案。我心里暗自感叹："恋爱中的姑娘啊，其实你大可以问我呀！我才是带你画图的师傅啊！"最终，还是没有说出口，我想，屏幕那头的"亲爱的"一定是位才高八斗秀色可餐的尤物吧，才会让这位姑娘爱得难舍又难分，欲罢之而不能。

一日，我正在单位楼下巨破但巨好吃的馄饨店挥汗如雨大快朵颐之时，忽然，两个自己带的实习生走进店里，发现了我，落座并礼貌寒暄。嘿嘿，希望我没有浇灭他们心中对职业建筑师未来的憧憬与热情，一个工作十年的女建筑师解决晚餐的地点并不是"烛光＋菲力"，像我这种丫头，就算工作一百年，最爱吃的还是市井深处支上几张桌子，就着夜色小微风，就能逍遥自在的"人间米其林"。

我喜欢观察身边的小事，更喜欢观察身边的人，那些个大风大浪、起承转合终究有一日会泯灭成为过眼云烟，而这些弥漫在身边的小人物小细节，却能深深地藏匿于记忆的深处，时不时翻出来看看，依旧荡漾着暗香。

最后大家都去了房地产

某天晚上，大学里的好同学 H，跟我聊了很久。

他彼时在国内某大型设计集团就职，但越来越看不清作为建筑师前方的路，向上走，看起来比登天还难，环顾周遭，身边的鲜肉们跃跃欲试，他并没有明显的优势跟一群"85 后""90 后"竞争。他决定"投诚"了，他想去地产。

我对他说，你可想好了啊，在此一别江湖就再也不可回头了。我虽然是吓唬他，但确实身边几乎所有奔赴地产公司的同行们，鲜有回头的先例。后来，他踌躇了许久，最终去了给他开出年薪最高的龙湖地产。

近年来，地产公司近乎猖獗地从设计公司挖走了大量的青年建筑师。尤其以 30~35 岁的男性建筑师最受欢迎，这种情况有点像目前的相亲市场。这些工作了 5~10 年的青年建筑师们，在设计院或者地产公司摸爬滚打锤炼身心，已然是半成品，况且风韵犹存年轻力壮，成了各大地产公司争相抢夺的高质量人才储备。

曾经有个项目负责人跟我感叹，这可倒好，春节一过，他下面的专业负责人，全部走光，整个团队，只剩下几个项目负责人以及新毕业生这种虎头蛇尾的奇特人员结构配备。这还怎么做项目？这还怎么打仗？甲方挖人挖得如此猖獗，把中层骨干都撬走了，可如何是好呢？后来，项目负责人只能亲自披挂上阵身兼数职，与结构、水暖电身体力行地专业配合，然后再手把手，一笔一画，从最简单的制图规范开始教新毕业生如何做设计，才熬过了春节后的"转会"过渡期，搞得大家苦不堪言。

在与 H 聊天的过程中，我问他，为何连他这种在我看来特别有设计理想的，并且已然坚持在设计院耕耘十年之久的"柳下惠"，最终也没能"坐怀不乱"？他说，没办法啊，很现实的问题，老婆，小孩，而且是俩小孩需要养活。他的太太，因为两个小孩的接连出生，没有办法在原来证券公司的岗位上继续工作，几年前便开始了全职太太的生涯。现在请人看小孩子，他太太的工资哪怕都给了保姆，也只是勉强维持，根本谈不上什么生活与教育质量。于是，在他看来，设计理想固然重要，但，他还是选择下了海。

如 H 般从乙方变身为甲方多多少少出于以下缘由：

· 在目前的岗位，上不去下不来，前途渺茫看不到未来的发展。

· 长期作为对开发商贴身服务的乙方，自觉精神与人格不独立。

· 超负荷的工作强度与收入不成正比。

· 觉得自己擅长的板块是项目管理或者根本不是做设计那块料。

回想我刚刚大学毕业那会儿，全系四十几个毕业生，投身地产公司的不超过 5 人。其余同学，全部扎根国内各大设计院工作，开始了自己为祖国画图五十年的建筑设计生涯。毕业五年之后，进入地产界的数目，有所回升，40 个人中，有 15 人，成为甲方建筑师，这个数目在毕业十年的时候，稳定在了 20 人，也就是说，在这十年的时间里，有一半的同学，成为另一半同学的甲方。

而当初最早进入甲方队伍的 5 人，已然是地产公司的中高层设计管理人才，因为他们"出道"较早，在地产界各自领域的发展会比后来"入行"的地产新人们更加迅速。年薪百万，早已不是梦。

就这样，人们听着前人的丰功伟绩，把成为甲方当作学建筑的成人礼。可当大家争先恐后到了甲方的山头之后，纷纷恍然大悟：其实，当甲方，并没有想象中那么容易。

我身边就有几个去了地产公司而后又调转车头的案例。两个项目负责人级别的建筑师去了房地产发展之后，发现他们的上司年纪之轻经验之匮乏，常常令他们十分无语。有的地产公司层级非常森严，命令自上而下，无论这个决策是莽撞还是深思熟虑，都必须得执行，而这终极执行者，就是他们。

因为不想被在他们看来水平还不如自己的上级指手画脚，建筑师长年养成的固执与坚守成为压倒他们在高薪与理想中徘徊不定的最后一根稻草。一年之后，他们纷纷回炉，重回乙方岗位，或成为某设计公司的总建筑师，抑或自己开了独立的事务所。他们告诉我：当你觉得自己身为乙方，有时候感到尊严受到践踏的时候，在房地产的甲方建筑师，他们更不容易，那种时时刻刻自上而下的压力，让人仿佛感到沉潭般的窒息，况且我们还是甲方中的设计岗位，你懂的。（我忽然理解了我的甲方为什么每天都看起来很焦虑。）

我也有幸遇到一些甲方建筑师，在完成从乙方到甲方的岗位变换之后，仍旧坚守着设计信仰。有一次，我去甲方地盘上跟营销部门汇报，会议结束之后，已然是晚上八点了，我的项目经理（建筑专业）就坐在办公室大厅自己的工位上，加班奋战。

我走过去，和他打个招呼，发现，他正在 CAD 的黑屏之上，一笔一笔画着墙身大样图。他抬头笑着告诉我，这是他手里正在跟进的一个项目，这个墙身他有一些想法，他晚上想画好，明天可以提给设计院做参考。

配合中，他是一个稳扎稳打、认真负责的人，从前在设计院时就是，但很可惜，因为种种原因，他在地产公司的发展，并没有我想象中的那么好。

现在身边越来越多的同龄人奔赴了地产，无论是做甲方建筑师，还是做乙方建筑师，都是在人生中某个阶段的慎重选择，在各自的舞台上将建筑进行到底。我们并没有真正意义上的分离，大家虽然立于不同的山头，但最终的目标是一致的，就是在项目的全过程中，设计并控制到最好的完成度，共襄盛举。

每个人都不容易，很多细节的实现仅仅靠建筑师是不够的，一个好的建筑背后，必然有一个优秀的甲方，你需要我，同时，我也需要你。

老九门

2017 年，那是一个春天。注册建筑师考试终于在停考两年之后，于千呼万唤中驶了出来，一时间，大家兴奋至极，奔走相告，好多人仿佛看到了生命之光、希望之光，命运的轮盘至此将恢复轮转，那场对东方人类建筑师的命运影响深远却又悄无声息的巨轮终于再次启航了。

前阵子，有个由《盗墓笔记》前传改编的电视剧特别火：《老九门》。我一看这片名，就倒吸了一口冷气，这难不成是哪个执着的主儿把注册建筑师考试搬上了银幕？（一级注册建筑师考试一共涵盖九门科目：设计前期与场地设计、建筑设计、建筑结构、建筑物理与设备、建筑材料与构造、建筑经济施工及设计业务管理、建筑方案设计、建筑技术设计和场地设计。）在《老九门》播出第二年的春夏之交，注册建筑师考试的"老九门"强势回归。

我写过很多关于注册建筑师考场上的有趣故事。也曾经向不同年龄段的业内人士了解过他们关于注册建筑师考试的往事。对于其中一部分人来说，这项考试完全就是"天上飘来五个字"，那就是一两年就能解决的事儿；对于另外一部分人来说，这场考试是每年五月必须要来那么一场的体力与脑力的双重历练。

60 后，注册考试的实践者

60 后，泛指 1960—1969 年出生的人，这一拨儿前辈仍旧是当今建筑行业的中流砥柱，所有被称之为"大佬"或者"X 爷"的叔叔们几乎都来自于这个年代。他们是注册建筑师考试制度的第一代实践者，注册证的编号都是以"98"开头的那种。

最让人羡慕不已的是，他们几乎都在短时间之内，一年或者两年，短平快地通过这场至今被称为青年建筑师"西天取经之路"的注册考试。考试在他们的记忆里似乎并没有留下过于深刻的印象，只是从业途中的一次普通测试罢了。那一代的大学生，综合素质极高，个个都是人间精品，据不完全调查考证，人家也就是在考试前复习上个把星期，就凭借着日常的经验，以及出众的"手活儿"轻松通过。注册执业之后，事业蒸蒸日上，迎娶白富美，走上人生巅峰。

现在的他们没人把注册建筑师这个词挂在嘴边儿，也不会问其同伴：你注册考过了吗？他们所要面对的是另外一个世界，比注册考试更加如履薄冰、身不由己的世界。

70 后，注册考试的平稳过渡者

我一直认为 70 后是最幸福的一代人，他们赶上了最好的时代，买房的黄金时代，建筑业开足马力全速前进的时代，当然不少身体倍儿棒的 70 后现在仍挣扎于试图抓住青春的尾巴、努力拼二胎的时代。当然，就注册建筑师考试而言，70 后也算赶上了好时代。

70 后这拨人比较特殊，在注册建筑师考试这件事上，要细分为"70 后"和"75 后"两个年龄段。别小看这个分界线，这五年可是一个重要的考试分水岭。

20 世纪 70 年代初出生的这拨儿建筑师在参加注册建筑师考试时大多已经工作了 5~10 年，在 2000 年左右的建筑行业，大家一年也就跟着师傅做上一两个项目，而且通常都是从头跟到尾，方案至施工图，身体力行全过程，每一个建筑师都积累了丰富而扎实的项目经验，不偏科。我认识的大多数 70 后建筑师，与前面的 60 后一样，也就是在两三年之内短平快地结束了这场战役。

在跟70后建筑师们的沟通中，还是没人把注册考试当成个什么大事儿，大家该买房买房，该炒股炒股，该陪甲方打麻将就陪甲方打麻将，什么都不影响，马照跑，舞照跳，生命在于运动，人生始终在不断攀爬之中。

而75后就不一样了，注册建筑师考试的艰难征程自此拉开序幕。

80后，注册考试的跋涉者

刚才从20世纪70年代里单拎出来的75后，可以归到80后这一堆里阐述。自打我们这拨人开始参加注册建筑师考试，考试的难度系数就不太好掌握了。我曾经在《将建筑进行到底——建筑师的成长手记》一书中用大量的篇幅描写过我所见到的注册建筑师考试中的曼妙场景：

带着嗷嗷待哺的婴儿来参加考试，只为了不因此断奶的建筑师新妈妈。

从大学就在一起，十年相伴走入婚姻，考试路上风雨兼程的建筑师夫妻档。

遭遇前男友跟自己同一考场，导致6小时作图题画得魂不守舍的败犬姑娘。

8年轮回两鬓斑白，依旧有勇气再战沙场久经考验的老战士。

从保时捷里幽幽地钻出来，掏出1号图板考作图题的怪叔叔……

没错，上面说的，都是出生于 1975—1989 年的这拨人！

当然，现在这拨人已经不那么跟自己较劲了，考过了的，依旧奋战在设计一线，用热血捍卫那枚刻有自己名字的大红章；考不过的，人生中又有了许多新的选择，一部分人选择去当了甲方，他们不再参加考试，而是开始了考察、健身、马拉松的职业新生活……然而，苍天饶过谁？压力山大的业绩考核，也是压得大家喘不过气来。

前几天，甲方的总建筑师和我一起吃饭时接到电话，原来是他所在部门的项目经理，要跟他请假一个星期，为了复习注册建筑师考试。我俩面面相觑，这是闹的哪一出？

我对甲方总建筑师说："你们业主方是真的很有追求啊！"

总建筑师道："你知道吗？你别看我们现在人多，人在曹营心在汉，很多项目经理还是舍不得自己那颗热爱画图的心，考过注册建筑师依旧是许多科班出身的甲方那念念不忘的'前女友'。"

"老九门"的故事，还在继续，每年的五月，依旧是大批青年建筑师充满信心奔赴考场的黄金时节，大家依旧想通过这场考试，来实现自己的职业理想，成为真正的执业者。这是一场对许多人来说，可以改变命运的考试，虽然不是唯一改变命运的方式。能坚持下去的，都是好同志，精诚所至，金石为开，祝大家早日金榜题名，如愿以偿，梦想成真。

有时候，我们会幸运地遇到一些热忱帮助我们的人，尽他们所知，尽他们所能，倾囊相助。有人愿意手把手教你做一样东西，是非常难得的事，尤其是做设计。要懂得感恩，因为大千世界能遇到这样的良人，那是多大的造化和缘分呀。

罗小姐小事记·一

○ 从前，北京马拉松并不火爆，并且有短程可以选择，为了鼓励大学生们也能积极参与其中，当时的马拉松可以免费报名还发好多纪念品（背包、T恤什么的一大堆）。为了凑够人数，从学校到学院上下动员，发动大家都能积极踊跃报名。现在想想，如今的马拉松一号难求，这怎么不太像是21世纪发生的事呢？当然，那个时候西直门的房价是6000块每平方米。

○ 终于又在火车上听到移动广播在卖德州扒鸡……上一次听到这种推销大约是15年前，那时我正在被一门叫钢结构的课苦虐，听了一学期，根本学不懂，但期末竟然以60分的成绩险过。讲钢结构的老师是德州人，于是我此生认定德州人民和扒鸡真诚善良，且富有同情心。

◉ 刚上大学的时候，北京地铁只有两条线，后来变成三条（多了13号线），地铁票价2元随便坐；平时舍不得打车，逛街累了也专挑一块二每公里的夏利打；最喜欢吃郭林的水煮鱼，把豆芽底儿换成白菜底儿，两个姑娘能吃一盆；可以从学校西门走到甘家口书店，买完书再走回来；从来不睡午觉，精力旺盛得一塌糊涂；以及……从未暗恋过什么人，画图从来不熬夜。

◉ 我有个很好玩儿的师弟，毕业后不干建筑行业了，自己创业，经常在微信里发要不要一起合伙创业的小广告。上个月问我，要不要一起去种菜？最近发的话题是……要不要一起养鸡？（什么情况？养鸡？）

◉ 《建筑设计资料集》，被历朝历代称之为"天书"，我上一次使用它大约是……15年前，如今出了新版，激动得差点儿老泪纵横。如果你喜欢哪个学建筑的姑娘，送给她一套"天书"作为信物，并在每一本的扉页上亲手写下：致我一生挚爱的XXX。我想，没有姑娘会不动心吧？（8本=10公斤＝等了15年）

◉ 大学里的女神老师，在社科院读博士。今天看到女神老师感慨了一句很经典的话："玩色彩，我们玩不过美院的，但还玩不过社科院吗？"

◉ 上大学时，大设计交图前，特别羡慕班里的情侣档，我是一人吃饱全家不饿型，而当时有妞儿的男生们真的是能趴在图板上帮妞儿画图来示爱的。从那时起，我便隐隐意识到了团队的重要性。想要干点儿大事儿，首先得有团队。

◎ 高三那年老师说，要想考上好的大学，你首先得耐得住寂寞。成年后，发现孤独原来是常态，每个人都在工作中（或生活中）被迫承受着各种花式的孤独，人们被一个巨大的磁场所笼罩。有的人抱怨，忧郁，一蹶不振，万劫不复；但也有的人，在孤独里开出了花朵。

◎ 曾经问过一个师姐，为什么走路喜欢溜边儿（即沿着走廊的一侧，贴近侧墙走）？她说：因为这样有安全感。其实每个人对独处空间内安全感的定义都不一样，比如我，只要房间内的背景声是《武林外传》，就很有安全感。

◎ 每周都要参加设计、代建、施工、监理、业主五方会议，把车停在肉疼的五星级酒店地下室（因为便宜的地方都满员了），然后骑着摩拜小自行车，一溜烟儿地蹬到工地简易移动工棚。仿佛又回到了大学时代，但目的地不再是赶着老师点名的课堂，而是工地现场。

◎ 舆论说 90 后好，势不可挡，我一直将信将疑。真实地跟 90 后们相处一段时间之后，他们真的是朝气蓬勃、用功努力的一代。当然，80 后也努力，但其中的一部分已经被现实折腾得有气无力，忘记了当初的坚持是什么，过一天算一天，得过且过。90 后不一样，他们真的是八九点钟的太阳，正面、向上，热爱着正在经历的一切。

◎ 从大学时，就是个耳环控，我有四个多格盒子专门用来盛放我的各种耳环。材质更是诡异：木制的、亚克力的、火山石的……岁月真是一把杀猪刀，也不知从何时起，只喜欢佩戴珍珠耳钉了。也贱贱地认为，在黑发当中藏匿一颗若隐若现的白色珍珠，确实就可以伪装得温婉了不少。为了掩饰一颗不羁的灵魂，我也算是煞费了苦心。

◎ 旅行的意义。安藤忠雄的"住吉的长屋"是我大学一年级时的模型作业。当时不懂，不明白它到底经典在哪里。十几年过去了，年初在京都住了三天的民宿，是日本的传统民居——町屋。真正居住其中的那一刻才恍然明白，"住吉的长屋"对于传统住宅拥有划时代的意义。虽然它被屡次投诉漏水、不好用，但经典就是经典。

◎ 人对场景的记忆力是惊人的。你还记得第一次与他人见面时的情形吗？说来神奇，我可以清楚地记得与生命中那些重要的人第一次相遇时的场景：在什么样的空间里，黑夜还是白昼，我们相对的位置如何，她穿什么样的衣衫……但是，我们都说了些什么，反而记不太清楚了。原来，人与人的交流，内容是可以忘却的，但相逢的瞬间却在记忆深处永恒了。

◎ 我们经常会透过事物的表面来窥视事物的表面，并且真的以为自己看到的已经是本质了。人们总是喜欢站在道德制高点去评判一件事的对错，甚至一个人的对错。人性是非常复杂的，你没有经历过他的人生，就没有资格去评判他是十恶不赦，还是仅仅在苟且地存活。

● 城市的夜晚，电台里传来了卢冠廷的《一生所爱》，瞬间被击中。你看那周遭人来车往，霓虹闪烁，苦海翻起爱恨……平日里淹没在繁忙的工作与机械性的自我修复之中，但偶然一段旋律的响起，你真的无处可逃。

● 相由心生，这件事真的很玄妙。一个人的生活经历、心理状态真的可以左右其长相。有的时候我想，人们总说男神，什么是男神？那一定是年近（逾）半百，依旧气宇轩昂，精力旺盛的主儿；也一定是心怀念想，执着追求，为了自己那点儿热爱燃烧着末日韶华的主儿。他们的青春是不灭的。

● 这些年来，工作上最大的改变是：已经没有人告诉你每天需要完成的工作是什么，却能从早忙到晚；也已经没有人提醒你，小罗，这周末要加班啊，却大多数的周末都在加班。

● 想到的事情，便立刻去做，有了目标，就用各种方式，不遗余力地去实现它。这样做的结果有两种，一种是终于得到了想要的东西，另一种，便是彻底的失败，并且，败得还比较惨烈。没有中间项，没有朦胧，没有暧昧，要么有，要么无。但有时，也要试着学会听听天意的安排。这话说得好像有点唯心，但天意真是个很玄妙的东西，它会给我们某种程度上的暗示和指引。

◎ 夜里失眠，工作压力大到根本睡不着觉，想到周一需要做的 ABCDEF 事，自己完全呈现呆滞状，于是深夜很没出息地睁着眼睛直勾勾地望着天花板。其实人总是在困难面前习惯性地小看自己的能力，很多事情并没有想象中那么可怕，凡事都有方法。不要说地球没了谁都照样转，勇敢地站在困难面前，这是上天在点化你。

第二幕

最好的修行

工作，是最好的修行，
学会享受等待，
等待一件事慢慢地生长出来。

牛鬼与蛇神，于歌舞升平中擦肩而过，
金戈与铁马，在风雨兼程中百感交集。

投标，一个建筑师的成人礼

　　每次交标，都能衍生成为一场特别值得反复回味的公共事件。一个项目在设计标、商务标、资格审查文件制作完成之后，编筐编篓的收口之时，换句话来说，这一刻我们要开始收网了。只可惜，来收网的不止我们一家，来上个十家之内的，那都算是好兆头，弄不好，搞出来好几十家，那就不太乐观了。

　　朋友圈里有一位姑娘，每一次开标都系一条红围巾，她认为，红围巾能带给她好运。我还认识一位项目负责人，每一次交标现场签字的时候，都穿紫色的衣服，于是他有很多件适应于春夏秋冬不同季节的紫色衣服。

开标现场的画面都十分壮观，每家设计单位的标配：一个项目负责人，一个负责商务的小姑娘，外加上前抬文本、搬模型的壮丁若干，浩浩荡荡一群人，集中在公共资源交易大厅之内。拆封，唱标，所有参与投标的设计单位，成果一字排开，此刻，你可以最直观地看到各家设计文本的厚度。正常文本的厚度也就如最新版的防火规范那样吧，但偏偏有些设计单位要做成汉语大辞典那么厚，意图是很明显的，这是要从体重上碾压对手哦。

每每看到此种情况，我都要感叹一下，不容易啊，做这么厚的文本，这得掉多少头发呀！然后不禁开始思考：这么重，他们是怎么搬上来的呢？直到我见到了专业交标团队的蓝色可折叠式拉杆平板车，时不待我，立刻下了单，赶紧也置备了一件。

若是标书中提到要求提交模型，那更是一场充满着各种不可预见性的体育赛事。模型小还成，空运，直达，点对点直接送到交标现场。但有时候标书中规定的比例，真是……一言难尽。模型成品，做完双人床那么大。想象一下，一张双人床，辗转一千多公里奔赴交标现场的情景。给模型单独买张票，或陆运，或坐飞机，落地后开盖儿，心凉了一半，树倒，屋顶倾覆，乍一看有点儿像事故现场。接下来，便是深夜大家一起趴在地上粘小人、种小树、修补屋顶的各项补救性工作了。这场景让我联想起《我在故宫修文物》，修到半夜三更，腰酸背痛，伙计们一起叫上一顿24小时外卖金拱门，倒也真是堪称一段难忘的回忆。

近年来，也参与过一些邀标的工作。进入到了邀标环节，通常就只剩下五六家设计单位展开最后的角逐了。述标，排号抽签。大家通常都不太喜欢抽到第一个或是最后一个，要是抽到了 2 号或者 3 号，仿佛中标的概率就能大大提高一样。

竞争对手来势汹汹，势在必得。述标当日，竟然请出了他们八十多岁的该领域的权威老专家来现场站台述标，俩年轻的小伙子，搀扶着老人，走入汇报现场，那阵仗，让我和主创先生同时倒吸了一口凉气。

冬日里的太阳特别好，主创先生正在抓紧着最后几分钟修改着汇报文件，修改完毕，扣上电脑。我看他貌似有些紧张，为了给他（也给我自己）舒缓舒缓情绪，便展开了以下对话：

"你是哪年出生的呀？"
"我属牛，你猜猜。"他回答道。
"大叔，你不会是 61 年的吧？"我装作很惊讶的样子。
随后，我们两个笑作一团。（减压结束）

那天很幸运，抽到了 2 号。他说，你手气很好。

进场，场上坐着各个主管部门的代表，以及专家评委。汇报席上有两个座位，今天不用我讲，按理来说，我应该坐在后排当群众背景（地位类似效果图里那些可有可无的人），但我仍旧选择了坐在他旁边，我知道，面对陌生的环境，旁边有熟悉的人，便是一种力量。

汇报即将开始，主创先生低声对我说："注意帮我控制一下时间，"我比了一个 OK 的手势，随后，一切行云流水般地进行着。主创先生不慌不乱有条不紊地汇报着项目的概念特点及设计细节，这对他来说既是大场面，又是司空见惯的剧情，二十分钟里，俩人打个配合战，彼此的信任在此刻孕育出一股真实的力量。

汇报结束，专家提问之前，主创先生问我："怎么样？"
我告诉他："非常好。谋事在人，成事在天。"

随后，转至后台。

后场是规划展览馆，我拉着主创先生来到城市的大沙盘跟前，这个一眼望不到边的巨大的沙盘里，展示着城市建设中的每一处惊心动魄。

我问主创先生："你看这是什么？"
主创先生说："这是我们的战场吧。"
我说："是的，我们一次又一次试图在这个城市里浇注理想的花朵。"

我指给他："你看那块地，当初 14 家投标，我们屈居第二；远处那块地，上方是日前抢破头的五十万平方米轨道交通的上盖；眼前的这块，当初我们设计的过程如此地艰难，现在地下室已经起来了……"（我无意识地给他洗脑。）

面对眼前的一切，此时的你，还能觉得这是普通的沙盘吗？每个城市的规划展览馆，都是一片热土的缩影，这里的每一寸土地，都凝结着建筑师的心血和梦想。

对，此地，就是我们的心血和梦想。

我很喜欢徜徉于各个城市的规划展览馆，当你站在城市的巨大沙盘之前，便仿佛拥有了无穷的力量，你慢慢懂得，你所面对的不仅仅是现在画的楼梯大样，不仅仅是手头的这张总图，也不是永远拉不完的模型……你所做的每一件微小的事，都是朝着自己的梦想前行，为城市的建设贡献微薄之力。那种奋斗的动力分秒不停，生生而不息。

主创先生与我主动谈起："你知道吗？有一年，我投了6个标，一个也没中，你能理解那种消沉与失落吗？那一年的冬天特别长，好久都缓不过神儿来。"从那一年起，他便开始了长跑，每周，都会坚持跑上两个10公里。跑步，是对肉体和精神的救赎。我注视着他有力的手臂与腕上运动手表留下的晒痕，明白了他这些年的艰难以及那颗依旧坚定的心。

那日中午，汇报结束。

翌日，评标结果公示。

我们中标了。

教授级高工是一种什么样的存在

教授级高工，即教授级高级工程师（建筑师），工程师任职资格里的最高级别，建筑行业中的凤毛麟角，实际工程项目里金字塔顶端的那一撮儿人。我的人生，第一次如此集中而密集地出现了教授级高工。

从前，我认为每一个设计人员熬到了教授级高工这种级别，只需要动动嘴就能"运筹帷幄，指点江山"了，但当我看到58岁的给排水老所长，还在一笔笔对着电脑黑屏认真画CAD的时候，彻底颠覆了我关于教授级高工们的无知臆想。

第一，教授级高工是一群特别敬业的人；

第二，教授级高工是一群乐观向上的人；

第三，教授级高工是一群自己亲自画图的人；

第四，教授级高工是一群特别有爱心的人。

事实的真相是这样的。

A 审核的漂亮姐姐

建筑专业的审核姐姐，是我的读者。她是一位有着二十多年工程经验的优秀建筑师。其实审核姐姐便是我书中写到的那种，刚毕业时，小小的我，渴望成为的那类女性：一个神采奕奕的、经验丰富的女建筑师。

审核姐姐对我说的第一句话是：罗小姐，我是你的粉丝！

那一刻的我，一万点受！宠！若！惊！（哇！掩面。）

审核姐姐除了做审核工作之外，还同时担任着几个项目的设计主持人。一直以来，她说话的声音都特别温柔，我一直想不明白的是，在我们建筑江湖跌宕沉浮二十余载的资深设计主持人，是怎样练就了这种临危不乱、遇事不惊的绝世好脾气呢？仿佛天大的事，都可以细声软语娓娓道来。刀枪不入，金刚不坏，只这一点就够我修炼个十年八年的。

审核姐姐在看我画的图纸时，每次都会在问题旁做相应的批注，这个疑问涉及哪本规范的哪大点下的哪小点；有时候甚至怕我找不着想不明白，还会专门打电话提醒我诸如这一道防水为什么不能用某某砂浆之类的小细节。这种感觉，就像上学时，老师给你批阅完试卷，还在试卷旁注明了正确答案，甚至告诉你这答案出自课本中的哪个位置，最后，还怕你听不明白，针对性地一对一详细解说。审核姐姐都已经把饭喂到嘴边儿了，我只要负责张嘴就行。我好幸运，工作中能遇到如此倾囊相授的前辈，应当加倍地感恩和珍惜。

B 没有周末的结构男

每到周末便是我跟结构男的热线电话时间。本次，结构男院长亲自披挂上阵计算荷载。

他每通电话的开头都是这样的："罗工，很抱歉打扰你休息。我们这个主楼……（此处开始长篇大论。）"

院长亲自下场专业配合这种事，在我的人生中，是第一次遇到。

结构男，从业20年，带着团队，从白天到黑夜，从清晨到黄昏，马力开足，全速计算。看到结构专业都这么拼，我还怎么好意思休息呢？也立刻热血沸腾，开动了起来。

有时，我会很不好意思地说："辛苦你们为了这个项目一直加班。"

结构男院长答："周末加班，是我的常态。"

我咬着后槽牙强装镇定道："嗯，这也是我的常态。"生怕给建筑专业掉了链子。

（像不像早些年的那支广告台词？"你的益达。""不，是你的益达。"）

五天以后，结构专业正式报送超限审查。我拿到了只有核心筒布剪力墙，其余部分都是柱子的"干净"的超高层结构平面。

C 电气男也有春天

以前跟电气专业配合，我总是很头大。因为电气男们总是不让管井转弯（我一直觉得能不能转弯可能跟人品有关，嘘……），说得口吐莲花（白沫），也只是象征性地转换一小块地方。于是，现在我跟电气专业配合前，都要查一下电气专业负责人的底细，就像相亲之前，都想尽办法把对方的前半生摸得差不多了，方肯忐忑地见上那么一面。这么难搞的专业，要知己知彼嘛，要有备而战嘛。

结果一看，哇，这枚电气男的前半生，设计过 XX 饭店、XXX 饭店、XXXX 饭店。哦，原来他的前半生是个饭店专业户呀。于是，心中窃喜，都是教授级高工了，又久经考验地设计了那么多的大型公建项目，专业配合提过来的设备用房一定是贼小贼小的吧？

嗯！事实证明，教授级高工，提资的设备用房，也是一样的大！

电气男贴心地在我的建筑平面上，布置好了他所管辖的那几个机房。有的地方，实在布置不下去了，就把他配电室里的那些"乱七八糟"的设备，单独拎出来放到了几个方框里，并告诉我："找地方！把几个方框塞进去！"（真是霸道总裁式的告白。）经过跟他的配合，让我对电气专业的认识有了一丝改观，原来电气男，也有春天。

D 给排水姐姐的爱心

给排水的姐姐，是一位非常有亲和力的教授级高工。每次专业配合，都让人如沐春风。我在想，是不是她历经多年各专业混战之后，洗尽了铅华，才能把持得如此天下太平、岁月静好呢？在我们这行，我佩服一切好脾气的人，专业水平高低是一回事，能在任何情况下，心平气和地处理问题解决问题，才是最需要练就的一项基本的生存技能。

我跟给排水姐姐说："我最近很痛苦，所有的事情压过来，每天说话说到嗓子哑，压力非常大。"给排水姐姐疏导我："没问题，建筑专业首先要扛住，大家都是这么过来的。"不过话说回来，我一直认为设备专业的心态都特别好，每天闹得上房揭瓦鸡飞狗跳的，大多是建筑与结构专业在你进我退地太极推手。

E 营救暖通男

我一直固执地认为暖通队伍是一支特别神奇的队伍，是一个不同于任何工科专业的工种。"暖男"大多是巨蟹座。并且，我固执地相信他们应该会做饭。（此处请自行脑补，他们扎起围裙掂起大勺时的性感背影。）我的暖通男已经跟我配合过两个项目了，未来还会更多。我第一次设计超高层建筑的时候，他就是暖通的工种负责人，那时的他还不是教授级高工，但却是个话痨。

他在每次的专业配合中，都喜欢给我上课。也是从基本的原理给我讲这个东西怎么布、每种系统的特点是什么。我的逻辑思维不太灵光，记忆力也差，他讲着讲着，我时常还是似懂非懂，不一会儿又混淆概念了，他只能重新讲解。

我让暖通男帮我客串计算项目的"年耗能标准煤"，我把所有不知道是什么专业的工作都会通通扔给暖通男，默认是暖通专业的事。他觉得以我这数学水平估计是听不明白怎么算了，于是，索性自己套系数，套公式，填表格，直接出结果给我。

暖通男曾经遇过一点儿小麻烦，施工图送审查，暖通专业的审查师是一个极难沟通的审图爷爷。这位审图爷爷貌似脾气不太好，每次打电话沟通时，总是先数落暖通男一顿才开始说图纸上的事儿。久而久之，暖通男有了心理阴影，有些惧怕给这位暴脾气的审图爷爷打电话。终于有一天，暖通男身心疲惫，给我打了半个多小时的电话，向我"倾诉"他这一个月来的"痛苦"遭遇。此时，作为龙头专业的我，不能够坐以待毙，兄弟有难，必须拉上一把。我放下电话，决定营救暖通男……

某日，我转发了一个自己特别喜欢的博物馆的微信文章，暖通男很激动地给我点赞并留言："原来你这么关注我！"我寻思了半晌，也没想明白我到底怎么关注他了？直到在文章的末尾，发现了一行小得不能再小的字：暖通设计 XXX。

我低估他了，我没有了解过他的过去，原来，他也是一个"战功赫赫"的暖通男。前年，亲爱的暖通男，终于也成为一位教授级高工。

这些教授级高工们，平日里都是普通人，在遇到他们之前，我甚至从未听说过他们的名字。他们既是前辈，也是面镜子，让我看到了不够努力的自己。

王澍叔叔的花式秀恩爱

我喜欢书店,喜欢到什么程度呢?只要有时间,我最喜欢在书店里度过,可以不吃不喝不睡觉,就这样席地而坐,心无旁骛地翻牌儿黄金屋里姿色各异的颜如玉。

在某一个风和日丽的周末,我,在西西弗书店,足足站了两个小时,脚都站木了。好久没有这种感觉了,起因是我邂逅了一本特别的书,光是自序就读了五遍,看得人心都要化了。

你以为我看的是情色大师的《春风十里不如你》吗?错!让我看得意乱情迷的竟然是一本禁欲系建筑书。哦,不,确切地说,是一本建筑师写的书：王澍的《造房子》。

话说，书店关于书的摆放和排位是非常有讲究的：一本书，立着不如坐着，坐着不如躺着。在那兵家必争之地的"案板"上，如果书店把你的书放倒，而不仅仅是书脊立于书架，那对于写作者来说便意味着：你写作的春天，来了！

彼时的我正在西西弗书店中陶醉：这个有眼光的书店竟然把我的新书放倒在正门口第一排的书山之上，我甚至已经开始侥幸地幻想自己从此就可以走上写作的人生巅峰了。但尚存一点儿理智的我，同时也发现了另一个秘密。

同样是在书店大门口躺着的书中，还有另一本建筑书：《造房子》。并且眼前的这本《造房子》，塑封的书全部售罄，没塑封的那两本已经被人翻得掉页了。而我的书，书面完好还没有开封……你看看，同样是躺，"此躺"和"彼躺"还是有很大区别的，又因为是相临而躺，这种戏剧化的对比反差使我煞有介事地得出了一个结论：王澍，才真正称得上建筑界的畅销书作家。

翻开了《造房子》，
是我那天下午干得最正确的一件事。

A 完全没有拗口难懂的理论，每一句话都能看懂

易懂，这点很重要。我喜欢写作者用平实的文字阐述自己的观点，而对于那些明明写的是中文，又故作通篇长难句的表达方式，十分不解，每每遇到这种情况，我都会合上书本心中默念：作者您是高人，小女子肉眼凡胎不知您所云，多有得罪了。而这本《造房子》，通篇白话，无论是深情，还是理论，清清爽爽，正如饥饿时品尝的一碗阳春面，你完全可以追随着作者平实的语言探寻他内心的建筑王国。

B 每隔几行，就有若干文字活生生地写进你心里

这种穿越时空的共鸣感给了我最大的意外和惊喜，两个人生轨迹完全没有交集、年纪又相差了近两轮的人，竟然能在建筑的文字中找寻到彼此很多的共同点。终于发现，原来世间真的有同样的人，在不同的时空下，与你做着同样的事。

"从 2000 年始，我每年都去苏州看园子，每次都先看沧浪亭。"
（天呐！我这些年来也是！）

"造房子，就是造一个小世界。"
（哇哦！好有道理！）

"在作为一个建筑师之前，我首先是一个文人。"

（我我我，也想当个有文化的人。）

"每年春天，我都会带学生去苏州看园子。记得今年去之前，和北京一位艺术家朋友通电话，他问我：这些园子你怕是都去过一百遍了，干吗还去？不腻？我回答，我愚钝，所以常去。"

（我也被一位北京的艺术家问过同样问题！认识的是同一个艺术家吗？）

"在这个浮躁喧嚣的年代，有些安静的事得有人去做，何况园林这东西。"

（读到这里，我的境界有点儿跟不上了！）

"造园，一向是非常传统中国文人的事。园林作为文人直接参与的生活世界建造，以某种哲学标准体现着中国人面对世界的态度。"

（人家这脑回路就是和我不一样呐！我怎么总结不出来？）

真是，恨不得拍着大腿感叹：生不逢时，相！见！恨！晚！
边读边跺脚（可能因为脚站麻了）……
我在心里不断地默念：我遇到了知音！

铛！铛！铛！铛！

后脑勺儿警钟齐鸣，把我马上要荡漾到九霄云外的小心思收了回来，如果这都算知音的话，全天下的建筑师兄弟姐妹们通通都是知音啦！因为，我相信，好多人都会对《造房子》的文字产生共鸣。我不是个案，王澍用他最平凡质朴的言语，书写了自己对建筑的万般眷恋，以及对生活的无限热爱。

以上为知音体。

这本书感染我的，还有另外一个不可忽视的看点，让我作为读者，见证了王澍叔叔的花式秀恩爱。

"昨天下午，感觉写不出东西，我就和妻子去西湖边喝茶，看看湖对面的如画远山。"

（我脑海中，马上浮现出王澍叔叔扯着太太的衣角去喝茶的甜蜜场面。）

"十年，正是妻子对我的改变，让我变得温润平和了。她对我的影响深远而无形，其实到今天，我当年的那种劲还埋藏在很深的地方，但你能感受到它的外面已经亲和圆润了，不那么危险、生硬。"

（一个人真的可以改变另一个人吗？我从前是不信的，那是一种更深层次的灵魂交融，必须足够的信任与相爱，才能潜移默化地有所呈现。）

"她属于天然而然的人，工作对她来说意义不大，她只是对她感兴趣的小事情感兴趣，比如去西湖边闲荡，去哪个地方喝茶……问题是，我逐渐能适应这样一个状态。"

（男子能写出如此这般的文字，对女子的欣赏之情溢于言表。你的一点点小兴趣，小爱好，也逐渐改变着我的整个世界。）

"认识妻子以后，抹平了大半。她对我最大的影响，更是关乎心性的修养，比如一整天不干什么，人的心灵还很充满。"

（文字中，看得出他的太太是一位很温柔的人，温柔的言语，温柔的内心，以及温柔地对待她的丈夫，他们都是幸运的，彼此懂得，然后彼此相爱。）

"我们结婚后的第一个七年，我都是这样度过。这七年主要靠她的工资在养我，我打零工，偶尔挣一笔钱。"

（王澍叔叔在书中直面那些江湖上关于自己曾经被太太养的传闻，简明扼要，有一说一，不让读者有更多关于从前岁月的猜忌。）

"这个七年结束之前，我用了半年时间在我们五十平方米的房子里造了一个园林。我做了一个亭子，一张巨大的桌子，一个炕，还做了八个小的建筑，作为我给妻子的礼物。那是八盏灯，我亲手设计的，每一盏灯都挂在墙上。"

（哎呀，太复古，太动人了，情海沉浮多年的我也没见过这种架势，再次佩服羡慕，这是要在多对的时间，遇到多对的人，才能做出这么对的事呢？）

王澍叔叔当建筑师，真的委屈他了，这完全就是情圣式的告白。柔情似水，佳期如梦。字字平凡，丝丝入扣，文字中荡漾的都是满满的爱意。自此，全天下都知道王澍叔叔爱妻爱得缠绵悱恻，爱得山无棱天地合也不敢与君绝了。

书中，可以很明显地推断出，他和太太是两种截然不同的人，性格迥异，爱好迥异，生活习惯也是经过了多年的磨合、在争议中趋于高度的协调统一。她改变了他，改造了他，重塑了他，成就了他。真正做到了，你泥中有我，我泥中也有你。

因为有了你，才有了今天的我；我要用我的余生与你一同度过。

字里行间那些毫不吝啬的赞美与爱惜，我想，若不是这本书的主题要围绕着造房子，拦着不能跑偏，再写下去，分分钟就是"在星辉斑斓里放歌"的志摩体。小女子暗自感叹，南工的毕业生，真的好会谈恋爱呢。

不多作剧透。
《造房子》不单单是一本建筑书，
也不是一本标榜自己建筑宣言的回忆录，
它朴实，真切，娓娓道来，甚至夹杂着羞怯的叙述，
让我对这个原本陌生的、只有符号般仪式感的建筑师有了一个立体的

认识。

他的思想，以及他的行动；他在想什么，他又做了什么。

这是罗小姐，我，的一篇奇特的书评，过度而有失偏颇且断章取义地解读了书中的部分内容，也许，作者本人都根本不知道自己写的是这么个意思呢。读书就是这样，在静谧而封闭的空间里，内心世界浮想联翩暗流汹涌，细细拜读，仁者见仁，瘦者见瘦。

项目汇报记

正午，坐在一棵巨大的、犹如棉花糖一般的树下纳凉。市政府大院里的树被修剪得特别萌，每一棵都圆滚滚的，饱满而旺盛地生长着。就在这样普通的一天，我要作为设计单位代表，参加市长办公会。想象着自己马上要亲历《人民的名义》中那集体举手的跌宕场景，真是怀揣着一丝儿小惊喜，深藏着一点儿小激动呀。其实，在我来之前并不知道，市长办公会其实是没有举手表决环节的。

市长办公会的流程跟大多数政府部门或国有企业高层会议的模式差不多，一场会下来共有几个到十几个议题不等，时间流程早已事先安排好，一个议题接着一个议题地过。跟议题相关的单位按照会议流程顺序入场，轮到你的，进去汇报；还没轮到的，不能旁听，得在休息室或者走廊里候着。

等待上会的氛围是轻松而愉快的，平日里甭管什么部门的负责人，发展改革委的、规划委的、建委的、环保局的、国土局的要员在市长办公会的走廊里，大家的待遇都一样，来晚了还没座儿，站着一起谈笑风生，等待着各自议题的到来。

真实世界里的"达康大大们"其实都很敬业，会议全程无休，连着轴转。市长办公会往往会从中午开始延续到很晚，"拖堂"的情况那是家常便饭。等到了饭点儿，盒饭直接拉到会场，根本不休会，吃完继续开，有时候还会边吃边开。就这样，从白昼到了日暮，天色渐渐暗了下来。

那天我们的议题是最后一个，参会的部门涵盖国土、环保、发改、规划以及业主和设计单位。晚上八点，散会，天色已然全部至暗，同时，暴雨倾城。

作为建筑师，有时候我们面对的是政府部门和国有企业，还有的时候，我们面对的是私人地产开发商。不同类型的甲方，汇报的过程与形式，也各有千秋。

比如，若是一个大型地产公司的项目汇报，便是另外的一种场面了。一个会议通知下达，上到董事长、总经理、副总经理，下到项目经理，甲方的建筑、机电技术负责人，都必须按点参会，没人敢迟到，会议室就座，阵列式排开。

会议伊始，由于感冒，实在没能忍住，我代表大家……先咳嗽了一分钟，于是整个会议笼罩在鞠躬尽瘁的氛围里。

我在笔记本电脑的掩护之下把头微微抬起来暗自窥探了一番。嚯！董事长很容易就能分辨得出来，气宇轩昂，头发锃亮，在人群中十分扎眼，论气场就不太一样。但是，怎么那么多的副总经理哦？直到会开起来方才明白，中间的是营销的副总经理（C位），他旁边是财务总监（准C位），而坐在最角落一直不停转笔的那位，是主管设计的副总经理。

每次汇报的过程都貌似很人性化，我这边汇报完毕，董事长环顾周边，示意大家：都谈谈自己的感想吧，发表发表意见，各部门随意啊。话音刚落，即开始了一场声情并茂的血雨腥风。辩论从低潮到高潮，财务总监通常是不太说话的，主要火力集中在营销、成本、设计的几个副总之间终极对决，使尽浑身解数争夺本场最佳辩手。我刚开始的时候还很纳闷，怎么甲方高层内部也有分歧啊？他们怎么不自己先开个小会内部协调消解一下，在汇报会上唱什么《对花枪》呢？

直到各方唱罢，吵得差不多了，董事长结案陈词，我才如梦方醒。

　　董事长先生首先肯定了各大板块副总经理前期完成的工作成果，然后雨露均沾地捎带手总结了一遍刚才大家针对项目接下来的进展提出的建议以及争论的焦点。接下来，步入正题。我惊奇地发现，别看刚才那拨儿人争辩得面红耳赤，董事长先生的思路却异常清晰，自己很有一套，而且观点上往往是另辟蹊径。他自己非常清楚地知道，这个项目应该怎么做，产品，导向，节点，甚至细节。前面的那些刀光剑影，当武侠片看看就好，总舵主才是最终运筹帷幄决胜千里的那个人。

　　我在一旁看得瞠目结舌之际，甲方队伍中负责会议纪要的那位同学仿佛早已见惯了这种场面，前面各部门辩论的过程，他直接忽略了，只有当董事长结案陈词的时候，才开始逐条将会议决策一一记录下来。翌日，会议纪要抄送至甲方各部门及设计单位，与董事长所言，只字不差。

龙头专业的烦恼

自而立之年开始，我干得最多的一件事，也是花费时间最长的一件事，就是担任设计项目的专业负责人（后文简称"专负"）。

"专负"这个词在每个公司的叫法不一样，但殊途同归。一个项目在建筑设计阶段，通常有五六个"专负"：建筑专业负责人、结构专业负责人、电气专业负责人、给排水专业负责人、暖通专业负责人，以及"非物质文化遗产"——总图专业负责人。每个专业负责人，负责自己那一摊儿，带领着小团队，周转运行着整个项目的全过程。

话说，"专负"找得好，"设总"操心少。这句话一点儿也不假。而作为建筑专业负责人，通常自喻为整个项目的"龙头"。在大部分的时间里，建筑专负即是设计阶段的运行终端。当然，个别特大型工程有专门制定周期负责对接各方图纸文件往来输入输出的团队（如项目管理部门），在此不表。

担任专负之后的最大变化即是，没有所谓的休假时间。即使人不在办公室，但项目的终端是你，你也很难从中欣欣然地超脱出来。尤其是生病的时候，好不容易休息个半天，一句句温暖的问候纷至沓来，甲方比谁都希望你早日康复。

工作日的白天，几乎所有的时间，都消耗在会议、碰头、对接各个其他子终端的琐事当中。时常出现的情景是：业主刚走，结构专负来找你；结构专负还没完，做智能化的又跟上了；智能化的问题刚解决好，地下室机械停车的配合厂商又在你旁边候着了……一拨接着一拨，感觉自己像个专家门诊，终日朝九晚五连续出诊，诊罢，也仅仅是完成了配合的工作，自己手头上的工作还放在一旁一点儿没动。

到了开初设及施工图的日子，建筑专负的角色更是一言难尽。制定项目的图纸绘制统一标准，定楼号、图号、图名等这些琐碎的事儿其实还好，还要盯着各专业把这些统一化的标准落实进去。每当此时，我就觉得自己干的不是建筑师的活，深感自己是个老妈子，絮絮叨叨在群里没完没了叮嘱个不停。当然，这只是对内的这一摊子，若加上辐射范围中对外的一大摊子，我自己粗略地算了一下，一个大型项目，一个建筑专负的终端，需要面对的是至少三五十人以上的末端。每一个末端的出现，都是需要你即时地解决当前面临的棘手问题。当然，这仅仅是一个项目时的情形。我曾经同时作为三个大型建筑设计的专负，那每日的工作量，可以说是相当的魔幻现实主义了。

当然，别天真地以为设计图纸画完就万事大吉了。随着施工图的出图，一切的工作仿佛才刚刚开始，与业主方、施工方、监理方的现场配合才真正考验一个建筑专负意志品质的顽强程度。施工交底之后，现场的各种状况纷至沓来，需要一个极具责任心的、富有经验的专业负责人来协调解决。当然，项目施工的前半程是结构专负一马当先，封顶之后，建筑专负就要走上舞台了。一道道设计联系单，眼睛得擦得雪亮，每一字的回复，都需要深思熟虑。

可能业外的人士会以为，建筑师是创意工作者，建筑师的工作就是做建筑设计；业内的部分人士，会消极地给他人洗脑，建筑师就是绘图工具。不，这些都不正确，建筑师是一个身体力行的造梦者，上天入地的解决问题者，坐怀不乱的理性工作者……我们指哪儿打哪儿，斡旋于刀枪剑戟、斧钺钩叉之间，身兼数职地完成设计任务。必要的时候，上房揭瓦，登高爬低，还需要邦德附体。

后来，我也曾反思过：作为专负，是不是我的工作方法有问题？才搞得自己像是个宇宙中心，地球离开谁都一样转的，为什么我会忙得不可开交？

于是，我在一个偶然的机会，参与了一个项目，仅仅是参与，建筑专负不是我，我的工作只是默默地画图。我非常享受单纯的画图时光，什么杂事儿也不用管，就是专心致志地画，心无旁骛地画。同时，暗自观察这个项目的建筑专负是如何组织项目的，嘿嘿，我眼见着这个脾气很好的男生，每天被结构专业追图、被总图专业追条件、被设备专业数落……然后在出图之际，勤勤恳恳任劳任怨地苦苦相劝：各位亲们赶紧出图吧。心理平衡了，大家殊途同归。

龙头专业，除了设计，始终是个统筹的活儿。专业负责人，是一个非常锻炼青年建筑师的实战岗位，从处理设计中复杂问题的水平，到统筹能力、实践能力，甚至待人接物，会让人有全方位的质的提升。每个建筑专业负责人，都有长年累积下来的、应对各种问题的制胜法宝，我也一直在项目中逐渐摸索更高效的解决问题的办法。

小插曲：2018 年的盛夏，住房城乡建设部在官网上公布了新的《建筑防烟排烟系统技术标准》，并大刀阔斧地在全国范围内施展开来，一位建筑师朋友压低了声音对我说："你知道吗？新的防排烟标准颁布以来，暖通专业，才是真正的龙头专业。暖通男说怎么搞，我们就怎么搞。"我听闻，风水轮流转，点头如捣蒜。

一切首层没有卫生间的商业都是耍流氓

周末的城市里，车成海人如潮。一周的疲惫感与肉体内旺盛的购物欲僵持不下，博弈许久之后，最终，一颗买买买的心呼之欲出。在路上靠着毅力和念力堵了一个多小时到达目的地某商业综合体之际，膀胱的负荷已然达到了极限。凭借着最后一丝力气挣扎盘旋于地下车库转了山路十八弯，好不容易觅得停车位，就立刻冲出了车门，在他人诧异的眼光之下，以怪异的狼狈姿态颤颤巍巍地挺进了电梯厅，手指哆哆嗦嗦随便按下了 1F，只是为了找寻建筑中最近的卫生间解决一下"当务之急"。

在按下电梯按钮的那一刹那，我便后悔了，我知道，一层一定是没有卫生间的，这商场从前我来过，就没有在一层找到过能体面如厕的地方，楼上卫生间对位的正下方，是所谓的"管理用房"。我一直没弄明白，为什么很多商场总是喜欢在卫生间的正下方搞管理，但还是默认了这个必须面对的现实。当然，除非这商场不走寻常路。但是，事实告诉我，女人的第六感是异常精准的，卫生间的位置并没有因为我此时的内急而产生丝毫的改变。

我在二层如何如厕的诡异过程在此不表，只是忽然很想探讨一个跟每个人息息相关的问题，也许是大家在设计中都遭遇过的问题：**到底要不要在商场的首层设置卫生间呢？**

曾经，一个刚毕业不久的小朋友告诉我，他在做商业设计的时候，他的师傅提醒他："商场的首层不能设置卫生间，否则会变成公厕哟。"其实，这已经是 20 世纪 90 年代的思维了吧。再遇到这种情况，他应该跟师傅理性沟通一下：动线不好的商业，卫生间做到四层，可能也仍旧是公厕。

一个任职于某知名外企的小朋友说，他的上司在指导他做设计时告诉他："卫生间不能布在首层，因为首层租金高，并且对于地产公司来说，得房率很重要。"每次投标前夜，甲方设计部都在熬夜算指标，其中一个重要的衡量标准，就是这个设计的得房率。其实做商业，尤其是高端商业，一定要舍得在关键的地方"浪费"面积。这是一个有经验的商业主创建筑师应该提出的合理化建议，至于实现与否，那就要看操盘者的眼界和格局了。

　　每当听到那些关于商业建筑附属空间的误解，我都好想和朋友们交流一下，什么卫生间故意不设置在首层，扶梯故意搞错位之类的小伎俩，都是好过时的商业设计手法。现今的实体商业80%都来自于目的性消费，任何站在便捷对立面的举措可能都是在自寻死路。更有趣的是，明明商业建筑的每一层在设计图纸上原本都是有卫生间的，但为什么真正投产之后，首层的卫生间永远有一块黄色的牌子立于门口，注明：维修中。嗯……并且半年后路过，仍在维修。

　　那些靠着让人跋山涉水找厕所，欲作引流状想盘活的商业物业，是在逗我吗？消费者费了那么大劲好不容易才能找到洗手间，那是一种怎样的源自膀胱深处的绝望啊！同理，商业空间的扶梯设置更是高深，是不是"大商"的设计高手，有一个硬性指标就是考量他如何布扶梯。

　　商业建筑的洗手间，应该向北京侨福芳草地致敬。

　　侨福芳草地在业内一直被誉为已建成商业地产的"圣经"。北京的购物中心，我最爱芳草地。其中最重要的原因，不仅仅是因为空间，也不仅仅是因为动线，甚至不是因为业态品牌。就冲它首层形象主入口进来10米之内有无比醒目的卫生间，试问还有哪个购物中心可以做得到？解了我多少次燃眉之急，让我心甘情愿地在这儿花钱。

　　试想一下，无论是开车还是坐地铁，在路上辗转一小时之后终于抵达商业建筑目的地，在开始系统地逛街或看电影之前，大家的第一件事是不是要首先解决一下"生理问题"呢？再说了，如果是姑娘们恰巧选择约会于此，在见到心上人之前，是不是要先去卫生间补个妆，对着镜子微笑一下呢？（嘿嘿，我好有经验。）

所以，我们做商业建筑的时候，别总想着首层的租金和未来可能沦为公厕的问题。在实体商业被电商如此打压的今天，能抓住老鼠的猫咪，就是好猫咪，能留住人的商业，就是好商业。

如果遇到斤斤计较讲不通，这一点点面积都拎不清的投资方，你可以信誓旦旦地给他们讲道理：爱马仕和菲拉格慕都在首层，而那些买爱马仕和菲拉格慕的人，也是需要上厕所的哦，他们的蓄水功能，与常人无异。

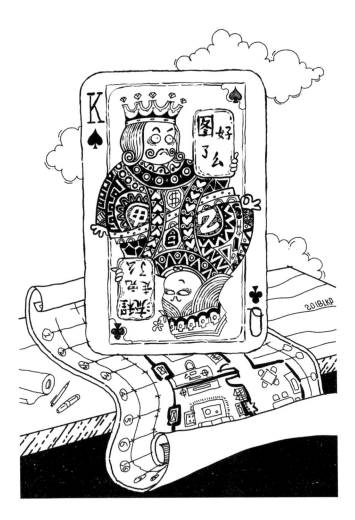

浪漫是你焦头烂额之际，收到的一包棉花糖；浪漫是你午夜梦回之时，抬头可见的白月光；浪漫是寒冷的冬日，紧握住你的他的手；浪漫是绵软的围巾、轻声的问候、甜腻的红丝绒蛋糕……以及甲方发来的微信，流程走完了，已转账请查收。

罗小姐小事记·二

● 我有一个暖通专业的甲方，每次都对暖通专业的图纸特别有想法，最擅长的事就是总想调整空调形式。我们暖通的工种负责人被"折腾"得苦不堪言。我安慰他：遇到暖通专业的项目经理是最好的状况，若是建筑专业的项目经理，"折磨"的就是全专业了。你要挺住，牺牲你一人，幸福我们大家。

● 某次开项目会议，由于甲方临时变换会议地点，本来原定在我司开的汇报会，临时调整为在甲方办公室进行，搞得大家很被动。后来再有这种汇报会，我都会有意识地把汇报地点尽量商定在我方会议室。汇报这种事，占据主场是很重要的。

◎ 项目会议伊始，国家卫生健康委员会领导掏出来一个笔记本和一个铅笔盒，打开铅笔盒，里面整齐地躺着三种颜色的凌美（LAMY）钢笔。导致我在会议全程，视线都没有离开他手中的笔……

◎ 工作中，觉得一起共事的甲方队伍里有一枚新毕业生很不错，日后定是项目经理甚至大区经理的好苗子。于是我问甲方："这男孩你们在哪儿招的哦？"甲方说："他是重大的研究生，校园招聘划拉到的。"男孩说，现在的用人单位为了争夺优秀人才，每年九月一开学就去撒网了。我们这个行业人很多，但优秀的人在人群中依旧格外耀眼。

◎ 世界上的事，我一直坚信精诚所至，金石为开。只要看到了一丝的希望，就会付出 100% 的努力。比如跑到规划局陪着算日照的小女孩一起上班学着算日照，又比如一个女生扛着方案文本送到了甲方的年会现场。

◎ 其实把设计文本扛到甲方年会上这事还是有点小儿科，我认识一个女建筑师，为了给甲方老板看方案，在洗浴中心门口等了仨小时只为等甲方老板洗完桑拿，给他汇报。自此，一战成名。对了，那姑娘是东南大学毕业的。

◎ 来某企业开早会，上班高峰的电梯里挤满了表情肃穆目不斜视的男男女女，忽然，电梯的密闭空间里传来异常清脆的手机铃声："隔壁班的那个女孩，怎么还没经过我的窗前，嘴里的零食，手中的漫画，心里初恋的童年。"转眼间，一枚衬衫笔挺的大叔"喂"了一声接听了电话。原来，统一化的表皮之下，隐藏的往往都是不羁的灵魂。

◎ 粽子节的朋友圈热闹极了，甲方们纷纷以在售楼盘为背景祝全人类端午安康。嗯，我知道他们中的80%都是被逼的，宝宝们心里苦。抱抱。

◎ 那天，甲方对我说："你要学着通过一点点小事让自己开心起来，比如，在你的办公桌上摆放一盆植物，每天看着它成长，你就会很开心。"说着，他抱起他桌上的一盆花，说："这个连土带盆儿送给你！"

◎ 我喜欢在PPT里使用艳丽的颜色，对比清晰，条理分明。结果那天跟甲方汇报时，也不知道是甲方里的老谁还是小谁，把会议室的室内照明关了。导致我在白色背景上做红黄色块的PPT瞬间就像刚出锅的一盘西红柿炒鸡蛋。

◎ 终日和业主方的工程部、施工、监理开会，人就容易懈怠，放松警惕，每一场会议都恨不得全套运动服出场。今天的智能化会议，没人通知我竟然有营销部的人参加。真的大意了……此刻坐在会议室里的我如坐针毡。（应该先撸个妆的。）

◎ 同事怀抱着他2000元的昂贵枕头出差，下了飞机。后来我才知道，许多人都在努力寻找属于自己的"一生之枕"，只为能夜夜好眠。很幸运，我早在几年前就找到了"对的枕",每只不到一百元,我一口气买了四个,睡觉时,头枕一个,脚架一个,腿再骑一个……每天晚上都有坐拥佳丽三千的错觉。

◉ 朋友圈的点赞功能真的很玄妙,有乙方给甲方的点赞,有正在加班的给正在旅行的点赞,有老板给员工的点赞,也有同行间互相打气的点赞……也有一种赞,写完评论,重写,又删掉,再重写,再删掉,千言万语最后汇成了一个赞;还有一种赞,最终并没有点下去,只是怔怔地望着手机,默默的祝福而已。

◉ 每每看到特别成功优秀的中老年女性都会心存敬意。遇到了一个老奶奶级的业主,鹤发童颜,柳叶眉画得一丝不苟,银色大波浪短发丰姿绰约,关键是这么冷的天,人家是丝袜细高跟鞋,我低头看了一眼自己:秋!裤!我的心情久久不能平复。

◉ 甲方跟我说:"我现在每次接到你的电话都恐慌。"放下电话,一直在回想,我到底怎么他了?

◉ 项目做到现在,各方状况纷纷出现,白天如接线员般接听电话,处理协调各种棘手问题,只有晚上才有时间安静地画图。我很珍惜并享受于这样的工作状态,这是一个工作十年的建筑师应该有的状态。

● 分享一个能有效化解甲方毫无章法催图的小妙方，六字箴言：化被动为主动。首先，要先发制人，不要等他给你打电话，你要常常给他打，你每画图俩小时，就休息十分钟，跟他催上回给他留的"作业"：市政条件有没有找全啊？联系到测绘单位了吗？设计费的流程走到哪一步了？……这一大堆问题到底有没有落实？我们要学会给甲方们找点事干，不出两周，他这催图的老毛病就治好了。（将心比心）

● 周一上午在甲方的会议室开会，会议室里人头攒动，我率先打了个哈欠，紧接着……整个房间开始涌动此起彼伏的哈欠声。

● 22:30，给甲方发完邮件，一天的工作正式结束。其实不用再问："当建筑师苦不苦？要不要经常熬夜啊？女生适合做建筑师吗？……"当工作本身成为你的乐趣，就谈不上辛苦二字。比如，喜欢看电视剧的人，是不会觉得追剧追到半夜十二点辛苦的。

● 游泳的时候，偶遇甲方。（真是一场天造地设的相遇啊。）俩人衣冠不整地聊了半天商业裙楼的招商现状。看着他的紧身小裤衩儿，我真庆幸自己穿的是连体泳衣。如此赤诚相见，大家实在不适应，最终落荒而逃。

第三幕

历历而万乡

我看过雪山与草地，

高楼林立，

大海无边际；

我看过晴天与暴雨，

辗转中交集，

我也看过你。

罗小姐在香港（上）：似是故人来

"请到陆羽茶室等我，

地址是士丹利街24—26号。

我会在那里等你，

你一定要选择坐在一楼。

试试在右边挑一张桌子，

有镜子和木椅的那种厢座，

坐在那幅水墨画下面……"

2008年路易·威登做了三张专辑《Louis Vuitton SoundWalk》，选择了香港、上海和北京三个城市，漫步者分别为舒淇、陈冲和巩俐。舒淇的香港版本是我最喜欢的，广东话的好，普通话的也好。她的起点是陆羽茶室，用声音带领我穿行于 60 多年前的旧香港，嘈杂，混乱，传奇，又富有生机。我在夜半时分，时常会听起。这是一张非常建筑学的专辑，从声音到空间。没有日光，更不需要照明，在黑暗中闭上眼睛，于城市与街巷的轨迹中穿梭慢行。

终于，有机会步行在中环的背后，于初夏的午后，沿着舒淇的声音路线走上了一遍，从砵典乍街到鸭巴甸街。这是我前所未见的旧香港，一个又一个在声音中彰显出的建筑符号与色块渐渐拼凑成眼前的立体现实，由远及近。来往穿梭的人群，拥有各种肤色，沿着砵典乍街步步攀升，这里是香港最古老的街道，浓重，暖昧，克制，又充满了情欲。

一直朝着山上走，步行至尽头，即是中环背后最大规模的旧建筑改造项目：香港中区警署建筑群，又称"大馆"。同样，你亦可以沿着平行于砵典乍街的半山扶梯而上，至阁鳞街，两条线路，两条平行的街区，158cm 的视角，有着不同的感受。中环的半山扶梯是世界上最长的扶手电梯，一个个休息平台作为缓冲，拥挤，市井，可以带你去苏豪区。

路过藏匿在旧城中心门脸极小的 VERAWANG，士丹顿街 39 号。王薇薇是婚纱女王，全球十大婚纱品牌之榜首的 VERAWANG，是许多女孩子的梦想。这里是旧中环，VERAWANG 的香港旗舰店，只有一个小开间，三层的小店铺。

中环是个宝藏，摩天高楼，旧城市井，异域风情，古早美食，新旧交替，景致婆娑。
这里是香港的前世与今生，每走过一条街，便切换一部电影。

砵典乍街、阁鳞街、吉士笠街、嘉咸街、鸭巴甸街……一条条平行的街道，一个个孤独却又热闹的灵魂，游走于旧中环的前世今生。我并没有走完整个旧中环，行至元创方，因为购物欲的作祟，作了较长时间的逗留，行程戛然而止。（善哉，女子无财便是德。）

元创方（PMQ，Police Married Quarters），即已婚警察宿舍，是香港三级历史建筑，以创意中心的身份重获新生，现在是香港本地年轻设计师的店铺和工作室。香港许多的旧建筑改造项目里，都喜欢用"新生"一词，特别好。人是有情感的，或热烈，或绵长，我相信建筑也有。只是建筑最核心的价值体现，往往是对"功能"的一次性诠释，失去了"功能"便失去了存在的意义。而建筑的"新生"，在此刻，就变得异常性感起来。因为功能，可以华丽转身，因为破镜，得以重圆。

那天，元创方的中庭很是热闹，有一个小型的手作展览，人潮涌动，嘈杂却有秩序。中庭里的学生乐队激情澎湃，一首接着一首，我跟随着大家席地而坐，回字形的建筑，抬起头来，可以望得见方形的天空。主唱女生忽然轻唱起了田馥甄的《小幸运》，人在音乐中很容易陷入某一种迷离的情绪当中，它仿佛打到了我心上的某个点，让我在慌乱中泪目。

近年来在港岛最大的惊喜，非"叮叮车"莫属了。从前在街头偶遇"叮叮车"时就在想，一百年了，这种又慢又没有空调的交通工具为什么能沿用至今呢？它存在的意义仅仅是因为长得好看吗？（不得不承认"叮叮车"

元创方，即已婚警察宿舍，
它的"新生"是港本土年轻设计师的店铺和工作室。

有着不可替代的姿色。）而当我搭乘"叮叮车"从筲箕湾始发站由东向西行之后，恍然大悟，原来，它是最好的城市观光工具车，坐在上层第一排，一路上伴随着"叮叮叮叮叮叮"的声音匀速平稳慢行，绝对不会晕车。整个港岛的北线，无论是春秧街还是毕打街，那些充满故事与传说的小巷，它都能带我去。

香港文坛教父刘以鬯先生更是讲究，他常坐在"叮叮车"的上层，从西环到筲箕湾，再坐在"叮叮车"的下层从北角到西港城，两个方向，两种标高，可以看到风格迥然的街景。

旧城，因为有了如此可爱而便利的交通工具，使我的香港之旅，渐渐演变成观摩既有历史建筑的改造之旅。香港有自己的一套历史建筑评价标准，在众多建筑中筛选出了一千多幢文物价值较高的建筑物，再把这一千幢历史建筑划分成三个级别：

三级历史建筑，即具若干价值，并宜于以某种形式予以保存的建筑物。刚才提到已婚警察宿舍便是三级。

二级历史建筑，即具特别价值而且须选择性地予以保存的建筑物。位于北角的"油街实现"就是这样一个二级历史建筑改造的案例。友邦保险楼下，从前的香港皇家游艇会会所，"活化"之后，它有了一个新的名字，Oi（油街实现）！一个小小的围合院落，红砖依旧，很小众很袖珍。

话说，近几次至香港，我都喜欢住在北角。这个旧时内地居民的聚集地是香港岛最北的地区，在不同时期，分别拥有"小福建"和"小上海"的绰号，著名的春秧街也在这里。北角也是香港岛内重要的平民交通枢纽，许多巴士都从这里始发。当然，北角还有太多太多与我对味的美食，我日夜思念的猪红艇仔粥和油炸鬼就藏匿于北角的某个小粥铺里，北角菜市场门口的烧腊又是我的深夜至爱，这是我乐于暂居北角的重要原因之一。

一级历史建筑，即具特别重要价值而且可能的话须尽一切努力予以保存的建筑物。可以说，到了这个级别，都是相当于城市大宝贝儿型的历史保护建筑了。中环是一级历史建筑的重要聚集地，这里密集地汇集了二十余座香港一级历史建筑。如前文中步行穿越的砵典乍街、"大馆"等都属于一级历史建筑。另外，英军营房"卡素楼"，也在中环，改造后的新生是"香港视觉艺术中心"。白色的朴素外表之下，内藏玄机，你完全想象不到看似平常的山地房子的内部是一座迷宫，里面完全可以作为拍摄悬疑电影的经典场景，错层的衔接极为有趣。

行至傍晚，真的走累了，便坐在中银大厦首层的景观台阶上纳凉，身后是标志性的"贝氏"楼梯扶手，眼前是硬质而锐利的叠水，尖角相对自上而下，水源双侧并行，滚滚轰鸣。抬头望去，几十年过去了，压倒式的近距尺度，让这座金融建筑依旧笔挺而矍铄。

中环，就是这样一个神奇的地方，有让人望而生畏的摩天大厦，亦有满载香江传奇的历史建筑，还有热闹而市井味浓郁的小街小巷；有米其林三星的龙景轩，亦有香江老字号麦奀云吞面世家，还有新派美食（蔡澜先生准许倪匡一世任食）的越南粉新店……它是如此的多面，而多变，转角，即是另一侧的蓝天。

香港的建筑旅行，我经历过许多个阶段，从起初因工作需要而机械地进行商业建筑考察，至如今以自己喜欢的方式穿越迷城，恍然发觉，原来真正的香港，是浮华背后一座拥有乡愁的城市。如今，在我心里，香港已是故人，只是故人姗姗来迟。

（备注：文中所提及香港历史建筑物评估标准等相关资料，出自于香港康乐及文化事务署古物古迹办事处。）

香港文坛教父刘以鬯先生更是讲究，他常坐在"叮叮车"的上层，从西环到筲箕湾，
再坐在"叮叮车"的下层从北角到西港城，两个方向，两种标高，可以看到风格迥然的街景。

罗小姐在香港（下）：难得有情人

　　站在暴雨中的尖沙咀等待着班车，抬头望去，街对面是严迅奇先生的北京道一号（One Peking），建筑的正下方，一对情侣正在很大声地争执，因情绪激动而引人注目。感情的事，没红过脸，那是造化，只是很少有人遇到此等造化。拥有的人，不懂得珍惜，我喜欢你，碰巧你也喜欢我，我们竟然还能在一起，那是多么难得的事呀！

　　我的笔下，总是在不经意间提及香港，这个可以在深夜吃到油炸鬼和猪红艇仔粥的城市，这个可以在广东道上看到好些个新鲜姑娘的城市，这个可以在 ICC 的丽思卡尔顿端起红酒杯摇啊摇的城市，这个可以在大学满校园里听到普通话的城市……

港岛，无风，无雨，但依旧咸湿。从前住的酒店旁，铸起了长江实业一房千万的豪宅——维港颂（Harbour Glory），让原来视野开阔的 L 型酒店平面，如今左右夹击，委身于一个凹槽里。于是，住在"凹槽"里的我，犹如井底之蛙，眯缝着眼睛望向对岸活色生香的九龙。

这是第四次来到香港了，我做了七个房子的攻略，从赤柱到狮子山，从天水围到浅水湾。在香港，除了对建筑仍存些执念之外，我还迷上了步行。步行让肉体得到了一种最大限度的舒展与释放，在快步行进中，呼吸仿佛更加深入而顺畅，足下生风，身心为之愉悦。于是，这段旅程，就理所当然地围绕着"徒步"和"看房子"这两件事展开了。

早就听说香港是亚洲徒步者的圣地，有 4 条长线远足路径，10 条生态路线，以及 8 个地质公园。当然，近来比较引人注目的由徒步行山衍生的"传说"莫过于，刘美人常与关美人的前夫爬山，这貌似直接导致关美人的婚姻亮起了红灯，这些个似有还无的香江往事，让徒步这项挥汗如雨的机械运动竟然泛起了一丝不那么枯燥的暧昧涟漪。我对长达 100 公里的麦理浩径有些望而却步，于是，给自己甄选了三条迷你的徒步小路，慢慢前行。

太平山顶，卢吉道，夏力道

开往山顶的红色的士，电台里竟然放起了关淑怡的《难得有情人》。忽然想起了大刘，能登报整版示爱，又能送一栋超高层建筑给女人，也真是个情种，这俨然是现实世界中的段正淳呀！

"一声你愿意，一声我愿意，惊天爱再没遗憾……"

卢吉道和夏力道正好兜成一圈，是一条仅 3.5 公里长的环形行山步道。晨起，打车至山顶（或搭乘 15 路公交抑或缆车），出来右转便是卢吉道的起点。

其实太平山上有很多条步道，分小圈、中圈和大圈。卢吉道和夏力道的特别之处，一是因为它几乎全程无坡，是平的，很多市民（爸爸）甚至推着巨轮越野型婴儿车在山上跑步；二是自然遮阴，天然防晒，对于我这种天姿匮乏，勉强以白为美的人，真是救星般的存在。

空气清新，徒步而行，向太平山下望去，高楼如密箭插入城市之心。香港许多警匪片的开头，都喜欢用半山的这个角度拍摄建筑与城市，它象征着繁荣，自律，却扑朔迷离；自此风云再起，暗藏杀机。

丽海堤岸路

从深水湾至浅水湾，有一条 1.5 公里的人行栈道，名叫丽海堤岸路。从前去浅水湾时，只是看豪宅和游泳。那几年被动做住宅做得销魂，每到一个城市，铜钱儿似的眼睛里都盯着那些这辈子都住不上的花式豪宅。建筑师们的心理素质就是好，天天看豪宅，又能不为之所动（也实在动

空气清新，徒步而行，向太平山下望去，高楼如密箭插入城市之心。

不起），所谓坐怀不乱应该就是这样吧。

浅水湾，亦舒笔下红男绿女的约会圣地，张爱玲的小说中两大情场高手在这里斗法。

流苏："怎么不说话呀？"

柳原："可以当着人说的话，我全说完了。"

流苏："鬼鬼祟祟的，有什么背人的话？"

柳原："有些傻话，不但是要背着人说，还得背着自己。让自己听见了也怪难为情的。譬如说，我爱你……"

而此行，只是想从深水湾起，至浅水湾止，不想去寻觅白流苏与范柳原往复推手的浅水湾酒店，只想看看萧红。

香港的两年，是萧红写作生涯巅峰的两年。茅盾先生曾如此定义香港之于萧红的意义："红姑娘在香港甚为努力。"萧红一生中两部重要的长篇《呼兰河传》和《马伯乐》就是在香港完成的。她在给友人的信中写道："当我死后，或许我的作品无人去看，但我的绯闻将永远流传。"其实，红姑娘只说对了一半，她的作品不仅有人看，而且至今响彻文坛。

传说，鲁迅先生喜欢跟萧红待在一起源于他爱吃萧红做的韭菜盒子，明明做得不太好吃，鲁迅先生还每次都能吃半盆……我一直很疑惑，这不

丽海堤岸路，从深水湾到浅水湾的黄昏。

科学啊！鲁迅先生是绍兴人啊！绍兴人原来也有爱韭菜盒子这口儿的呀？

萧红是不幸的，也是幸福的。不幸的是他遇到家暴的萧军和懦弱的端木蕻良；幸福的是她拥有一生的伯乐鲁迅先生和在生命的最后一刻对她不离不弃的骆宾基。鲁迅鼎力支持 24 岁的萧红出版《生死场》轰动上海文坛，骆宾基陪伴照顾萧红生命中的最后 44 天。从呼兰河到浅水湾，萧红的一生爱得无悔，爱得悱恻缠绵。

石澳，大头洲

从炮台山坐 5 站地铁至筲箕湾，再搭乘 9 号巴士，就可以体验港岛盘山道的速度与激情了。坐在巴士的第二层，沿途一直感慨祖国江山如此多娇。

嗯！就是在这里，让我玩了物丧了志，直接导致没有完成"看房子的作业"。租一把太阳伞，在躺椅上听着 Beyond 乐队的《海阔天空》，再步行穿过电影《喜剧之王》的小村子……我竟然有了一丝度假的错觉。这就是我们南中国的夏天呀！我付之万般努力的防晒计划，就是在这里被击溃的。

石澳，大头洲。在石澳最东端的一个小得不能称之为岛的地方，名字虽然土了一点儿，但人迹罕至，有完善的步道，登顶后，有一座特别难看但非常实用的避雨亭。若不是天上时不时有各路玩家的无人机在环绕盘旋，可真适合在此处褪去衣衫放飞一下自我。站在避雨亭内，我望向远方，眼前便是一望无际的太平洋啦。很难想象，这里竟然也是香港岛。

由于贪恋红尘，香港七个房子的攻略并没有全部履行，我最后只去了严迅奇同学的区政府大楼和扎哈小姐的 JCIT。建筑在自然的面前，竟然黯然失了颜色，而这三条迷你的徒步小路，却于这样一个夏天，在记忆里永存了。

小贴士

文中提到的香港的七个房子分别为：
香港特别行政区政府总部 /
香港陆海通大厦 /
香港兆基创意书院 /
香港理工大学赛马会创新楼（JCIT）/
香港城市大学邵逸夫创意媒体中心 /
香港设计学院 /
屏山天水围公共图书馆 /

再加一个我自己非常喜欢的，赤柱天后古庙。古庙门口有一株老树，我于树下静坐许久，望向眼前的一副对联："天恩浩荡沾赤柱，后德巍峨泽香江。"无论何时，这样的人间烟火，永远最为动人。

在港岛的最南端，这是南中国的夏天。

东京女子建筑图鉴(1)：大教堂时代

在 B 站发现了一部神剧。起初我是抱着看东京旅游宣传片的情绪来观摩的，谁知，一集又一集地走下去，感慨良多。《东京女子图鉴》，以一个三、四线城市的女孩来东京寻梦为引子，长达 20 年的时间跨度里，演绎了一部东京新女性从 20 岁到 40 岁的事业、情感史诗。一共 11 集，每集 20 分钟，集集扎心。（看完，我的小心心被扎成漏勺了。）

如果硬要把《东京女子图鉴》当作东京旅游宣传片来看的话，其中的一条主线，便是女主角的居所迁徙。这个叫"绫"的心怀梦想的姑娘，从东京的三茶，到惠比寿，终于登顶银座，最后回归代官山的岁月静好。剧情完全不玛丽苏，也没有开挂的人生，现实、细腻，这是一部在我看来经典程度几乎可以跟《东京爱情故事》相媲美的日剧。

东京，是最适合开启建筑之旅自由行的城市之一。语言上，没有障碍，因为两国通用汉字；距离上，也仅仅半晌的飞机而已；而建筑上，亚洲现代建筑的巅峰集中地，就在这里。

2017—2018 年，在这两年冬天最冷的时候，我前往东京。从决定出发，到买机票订酒店，在三天的时间里，完成了 60% 的攻略，另外 40% 边看边找。建筑师永远不会停下自己的脚步，我要去看看，在亚洲建筑字典里独领风骚 60 年的日本，到底是怎般模样？

我喜欢搭乘国泰航空，飞行得极稳，服务上乘，而且在官网上时常可以捕捉到意想不到的特价机票。红眼夜航，上座率只有 60%，飞机在爬升阶段，客舱里传来了陈百强的《摘星》。

"日出耀长路，

　日光过山跨岭射到，

　如像我永不愿停下脚步，

　一心与风闯悠长路……"

在东京的行程里，地铁是主要的交通工具，东京地铁分为"1 日、2 日、3 日"不同规格的通票，在机场信息问询处以及大型地铁中转站都可以买得到，几乎可以带你抵达你想去的任何地方。最可贵的是，在上下班高峰期，依然有座位。后来一个在东京某建筑事务所工作的朋友告诉我说，东京的下班高峰是晚上九点以后，因为大家都加班，所以你六点左右搭乘地铁，当然是有座位的呀。

［地铁站：银座站］欲望的长城

银座，号称是亚洲最贵的地方，日本的商业地产售价排行榜中，银座连续九年霸占榜首。这一行，住在银座（着实有点不低调了），而主要原因竟然是因为交通。酒店正门口仅20米的距离，拥有从成田机场直达的一条铁路线路。

清晨徜徉在银座的小街上，格外明亮，这明亮将原本在夜色中灯红酒绿的欲望遮盖得严严实实。在明亮与蔚蓝的映衬之下，我再次来到了银座爱马仕。

七年前，我在这里花三分之二个月的薪水，买了一条丝巾，彼时的我，执拗地认为我的人生值得拥有最好的东西，而今，我经过门口，只是停下了脚步，微笑抬头望向它依旧通透的玻璃砖。伦佐·皮亚诺用建筑师的手法，为每一个充满幻想的女孩子铸起了欲望的长城。唯有时光，是真的智者，让你一步一步地成长，让你发现了更珍贵的东西。人生旅途中的每一次欢喜，那都是一道光，成全你的青春，照亮你的来时路。

伦佐·皮亚诺用建筑师的手法，为每一个充满幻想的女孩子铸起了欲望的长城。

银座区域遍布着建筑大师们可爱的房子，丹下健三的静冈新闻社，黑川纪章的中银舱体大楼，当然还有一大堆耳熟能详的商业建筑。有些意外的是，在这里，我的心头小爱竟然是坂茂先生设计的海耶克中心（Nicolas G.Hayek Center），对，就是那座白色的"升降空间"。

我的意外来自两点，一是：这座楼的业主竟然是全球最大的钟表集团斯沃琪（Swatch），并且大楼是以其总裁的名字冠名；二是，它的建筑设计师竟然是坂茂先生耶！没错，就是那个利用传真纸筒代替钢筋水泥进行灾后重建，从而造福人类的日本建筑师——坂茂先生！当年他是力挫原广司、青木淳、伊东丰雄在海耶克中心的投标中拔得头筹，我竟然一直天真地以为坂茂只会用一些废弃材料改造房子而已，原来人家是"能屈能伸"。商业建筑是坂茂先生的一个长向板块，他只是在设计商业空间的同时，还能为更多的人重建家园。

海耶克中心里每一部水压式电梯都是一个品牌的展示空间，搭乘不同的电梯，便能带你到达指定的品牌店，坂茂先生称之为"移动展示空间"，整个电梯在行进的过程，就像是一场起飞式的漫游。一直号称很喜欢研究商业建筑的我，常面对图纸振臂高呼"动线！动线"，固执地认为动线得铺开了做，然而，在场地如此局促、寸土寸金的银座，坂茂先生却带我畅游了一把精彩绝伦的垂直动线之旅，真是体验与感官的盛宴。

[地铁站：两国站] 意外的发现

寻找北斋美术馆的过程是有些曲折的，因为它刚刚建成不久，我竟然没有在任何地图上搜到它的具体位置，只知道，妹岛新落成的这座银色小房子的大致区域在东京墨田。庆幸的是，在寻觅北斋美术馆的过程中，却让我发现了更大的惊喜：江户东京博物馆。

江户东京博物馆，由菊竹清训设计，建于1993年，菊竹君毕业于早稻田大学，是新陈代谢派的重要人物。日本有好多建筑值得结构设计师理性观摩一下，只要建筑师能想得到，结构就一定能实现得出来。底层架空得如此纯粹，四个腿儿来实现消防疏散及结构支撑，看得我心花怒放。

从江户东京博物馆步行，穿过几个街区（约15分钟），随即到达北斋美术馆。北斋美术馆于2016年11月正式对外开放。门前有个小花园，可以晒太阳。只可惜，我去的时候是冬天，到了樱花季，广场前会有樱花盛放，有趣的是，美术馆的主入口，正对着一组秋千。

冬日里的东京，真的有些冷。在伦敦旅行的时候，惊异于每天的早高峰，总有行人步履匆忙地快速行进，一手提着笨重的公文包，另一手一定握着热腾腾的咖啡纸杯。我当时就在想：咖啡这玩意不应该像法国人一样找个悠闲的街角安静而饮吗？非得边走边喝吗？直到这个冬天，我才明白：冬日里握着的咖啡纸杯，温暖的是手，而手，连着心。

地铁站（两国站）出来，抬头便是江户东京博物馆。

两国站的行程，让我陷入了深思：从 1993 年到 2016 年，从江户东京博物馆到北斋美术馆，二十几年间，日本到底发生了什么？是什么让建筑的形式与材料发生如此的巨变？我在学生时代耳熟能详的安藤、妹岛、隈研吾，他们的房子是否真的代表了日本现代建筑？那为什么还会有菊竹清训？为什么他会如此的不同？在他们之前还有谁？他们与很多年前的丹下健三有着什么样的关系？新陈代谢派是如何产生的？那谷口吉生又算哪一伙儿的？……

十万个为什么在脑海中萦绕，

直到，我遇见了前川国男。

［地铁站：上野站］星光依旧灿烂

那本著名的《菊与刀》中这样写道："日本人是既生性好斗而又温和谦让；既穷兵黩武而又崇尚美感；既桀骜自大而又彬彬有礼；既顽固不化而又能伸能屈；既驯服而又不愿受人摆布；既忠贞而又心存叛逆；既勇敢而又怯懦；既保守而又敢于接受新的生活方式。"

上野，作为东京通往日本东北方向铁路的起点，素有"东京北大门"之称。来到上野公园，对于建筑师们来说，最为期待的就是东京国立西洋美术馆啦，它是柯布西耶在日本的唯一作品，2016 年 7 月成为东京第一个世界文化遗产。柯布西耶于 20 世纪 50 年代设计了这座美术馆，他的日本学生前川国男、坂仓准三、吉阪隆正三人小分队担任驻场建筑师。

上野公园里散落了大大小小的美术馆，来之前一定要好好看看官网，东京大部分的博物馆官网都有简体中文版，有的周一闭馆，有的周二闭馆，而柯布西耶的国立西洋美术馆最常见的情况就是……随时随地可以任性地闭馆一个月。

而就在此地，屹立着我在东京最喜欢的一座建筑，在我没遇到它之前，他已经在这里静候了五十余年。你有过一见钟情的经历吗？如果有过，你一定懂得这种感觉。他就是前川国男，它就是东京文化会馆。它坐落于东京国立西洋美术馆的正对面，前川国男勇敢地在自己的师傅面前炫技（你也可以说成致敬），用力、露骨，但富有生机。

东京文化会馆，东京最早的古典音乐厅。建筑的形体与空间，赋予了建筑本身极其张扬的雄性荷尔蒙，严整收分的鹅卵石预制板让柯布西耶嫡传的粗野主义无加掩饰地暴露在蓝天白云之下。我太爱它了，我决定进去看一个究竟。我在门口的服务台买了当天晚上七点的演出票，折合人民币50元的自由席。为了看建筑我也是够拼的，因为据说这场演出演的是……日本的"单口相声"：落语。

临开场前，杨洲提醒我，要有心理准备哦，你坐在一群日本观众之间听传统脱口秀，周围的人会忽然间此起彼伏地"哈哈哈哈"搞得你一头雾

上野公园的星光灿烂，带我走进了穿越五十年之久的"大教堂时代"。

水不知所云。我说，那我也可以随着现场的欢乐气氛，若无其事地"强颜欢笑"呀。如果说东京文化会馆的外表看起来已然是粗野主义的羽衣，那观演厅的内部，更是粗野主义的本尊了。

因为是自由席的场次，七点半的演出，六点半即有些许观众顺序排队等候入场。无论是通向观演厅的通道，还是观演厅的内部，尽管经历了二次装修，但可以清晰分辨得出在 20 世纪 60 年代，前川国男将建筑内部与外饰凝固至浑然一体，内装即是外饰的延续，依旧苍劲而有力。这种手法在后来看到的京都文化会馆以及东京国立图书馆中，得到了再一次的验证。

上野公园离东京艺术大学好近好近，让我痴痴分不清究竟是学校在公园里，还是公园在学校里。东京艺术大学美术馆是六角鬼丈的作品，之所以对这座美术馆印象深刻，是因为美术馆的一层竟然是个食堂，有便宜又好吃的青花鱼饭。另外，食堂里的姑娘很漂亮。

说到日本各大学的食堂，我当然最想品尝的是东京大学的食堂啦，这座日本老一派建筑大师的摇篮，孕育了前川国男、丹下健三、大谷幸夫等大批一代宗师。我一直固执地以为，可能是因为东京大学的饭比较好吃，才更容易诞生大师的吧！（我的思路历来剑走偏锋。）于是，我特地在东京大学的食堂，煞有介事地吃了一顿泡饭，用舌尖儿感受了一下大师发源地的味道。

日本的旅行，让我渐渐有了一些小体会，建筑大师和明星建筑师还是有一些区别的。学生时代曾经着迷明星建筑师们的小房子，但真正的建筑大师对大型公共建筑的控制能力是惊人的，是那种大兵压境，临危不乱的镇定与从容。比如丹下健三，又比如前川国男。是啊，他们比明星建筑师幸运，他们赶上了日本建设的黄金时代。在那个年代，虽然工艺局限，但是依旧可以在建筑恢宏的尺度中雕琢出精准的比例，纯粹得令人震撼。比起伊东丰雄、妹岛和世的轻盈，我更爱 20 世纪中叶的日本建筑，那真是群星灿烂的"大教堂时代"。

前川国男将建筑内部与外饰凝固至浑然一体，内装即是外饰的延续，依旧苍劲而有力。
这种手法在后来看到的京都文化会馆以及东京国立图书馆中，得到了再一次的验证。

东京女子建筑图鉴（2）：超高层的诱惑

最喜欢傍晚时分的飞行。飞机穿过厚厚的云层，呈现在眼前的是一望无际色彩斑斓的世界。那是最纯粹的夕阳，浩瀚，闪耀着七色的光芒，沿着天际线渐变退晕。万米高空中的日落，是最美的日落，时间分秒地辗转，直到天边那最后的一丝光亮消逝不见。而此时，恰巧调暗的客舱灯光，或可迎来最好的睡眠。

飞机上一直在读那本著名的《菊与刀》，里面讲到了日本源远流长的婆媳矛盾，书中提到，日本有一句谚语："无论儿媳多么可恨，生下来的孙子都是可爱的。"瞬间心疼作者一秒钟，作为一个外国人，让他理解博大精深的东方婆媳文化真是难为她了。

东京的几个枢纽大站，在上班高峰期涌现出的人流简直是压倒式的，西装革履的家伙们排山倒海地从台阶上倾泻而下，那阵仗令人唏嘘。提到东京的铁路，让我想起了两件奇事，坐在对面的大叔，明明呼噜打得正香，但一旦到站，却能准确地惊醒，提起公文包健步如飞冲出车门；而身边的女孩子们，竟然一个个可以脚踩7厘米的高跟鞋，足下生风，要知道，某些换乘站的脚程足足有两公里……这是一个怎样的城市？

［地铁站：新宿站］父与子

我有一个错觉，一直认为新宿是整个东京气温最低的地方。每次从地铁站出来，冷空气都充满攻击性地往身体里钻。我小心地戴上口罩，用简单的物理方式缓解面部的痛感，随即火速冲进半地下的便利商店，买了一个热腾腾的鲜肉大包，落座于城市的公共空间躲避风口，大快朵颐。就这样买着买着，渐也成了习惯。新宿有太多的摩天大楼，住友大厦、三井大厦、中央大厦……我只三次到过东京，也只三次到过新宿，但这三次均登上了东京都厅。

《罗小姐登高记》中记录道：东京都厅是东京著名的免费登高看夜景的地方。而我，恰恰喜欢白天来。在万里晴空的白昼，望着脚下一个个耳熟能详的地标，远处有富士山，也有港口。将整个东京湾的有趣之处，有了一个竖向的再现。

在日本的建筑界，有几组著名的建筑师父子（女）档，丹下健三父子，谷口吉郎父子……无论是丹下宪孝还是谷口吉生，都不约而同地在父亲设计的地标旁，插上了自己的标志性建筑，冲突且强势。

20世纪80年代，丹下宪孝从哈佛大学硕士毕业之后，便开始与当时已是建筑大师的父亲共事。丹下宪孝回忆起从业初期的情境："当我告诉父亲我想当建筑师时，他沉默了三十秒。"丹下健三是这样告诉儿子的："生命只有一次，为什么不做点儿自己想做的事呢？"言外之意，不要过度在意你的爸爸是谁，不要被你的出身所牵绊，你完全可以有自己的人生，去做你真正想做的事啊！（多么开明而有性格的父亲！）

20年后，丹下宪孝接棒父亲执掌丹下都市建筑设计事务所。

丹下宪孝继续回忆道："我在哈佛大学念书的时候，那里也有其他知名建筑师的孩子。很多人认为像我这样当个'建二代'很幸运，可以省掉许多年的奋斗，因为已经有一家顶级建筑事务所在等着我了。但是，要在父亲那里找到属于自己的角色仍旧需要艰苦卓绝的努力。"后来，他在爸爸的地标东京都厅旁边，树起了自己的地标：方式学园茧塔式大厦。

东京方式学园2008年才竣工，丹下健三先生并没有等到儿子的200米建筑建成的那一天便已仙逝。父子二人的两座超高层地标在新宿隔街相望，它们是那么的不同，一个严整精准，一个盘丝裹衣。天际线的更远处，

站在东京都厅观景台上，看丹下宪孝在他爸爸的地标旁边，树起了自己的地标：方式学园茧塔式大厦。你怀里的那个宝宝，有一天会沿着你的足迹步步走下去。他并没有成为你，最终，他成为他自己。

穿过绿地，又可以望见父亲丹下健三先生的代代木体育馆。这让我联想到东京国立博物馆院子里谷口父子的作品同样交相辉映，这种血脉的传承如此令人动容。你怀里的那个宝宝，有一天会沿着你的足迹步步走下去。他并没有成为你，最终，他成为他自己。

［地铁站：六本木站］一生所爱

东京有七大必看城市综合体，但在六本木的地界上，超高层的江湖对决在 KPF 事务所与 SOM 事务所中展开鏖战。纽约 SOM 操刀规划的东京中城（Tokyo Midtown）与 KPF 挂帅的六本木之丘（RoppongiHills）在直线距离不到一公里的地块上各自高调出镜，大家都是综合体，大家都是在轨道上盖，大家都有美术馆……你有的，我都有。但当坊间一致唱红线条凛冽的东京中城之时，我个人却更加偏爱圆圆胖胖的六本木之丘。

六本木之丘，52 层，这里有最好的城市观景台 :Tokyo City View。免费的东京都厅观景台有自己的硬伤，两座塔楼自己挡了自己；同样收费的晴空塔呢，一是比较偏僻（离主景区较远），二是人也多。而在六本木之丘，360 度环绕式无遮挡的观景体验，可以鸟瞰到你想看到的任意角度。开放时间可提前去官网查看一下，周末有时候会开放至凌晨一点钟。特别需要提及的是，六本木之丘的屋顶也是可以上的，这里是被喻为关东地区最高的露天式展望台（Sky Deck），有 270 米高，眼前即是直升机的停机坪。

森美术馆，是我在东京最喜欢的一座美术馆。森美术馆位于53层，与52层的展望台相连，好奇怪，这里常年有人求婚。可能是因为美术馆本身一望无际的白色室内，在半空中那耀眼而莽撞的阳光映衬之下宛如幻境吧。不知道在此成功牵手的爱侣们有没有继续红尘作伴，我们总是在潜意识里提醒自己要多关注那些实实在在的东西，但这些在建筑与空间中曾经真实激荡过内心的仪式感，让每一段不长不短的恋情，有了值得回忆的丝丝甜蜜，证明我们此时，此刻，就在这里，曾经爱过。

香港女作家林燕妮写道：什么叫最爱呢？人在不同的时期里都有不同的最爱的人，至于哪一个是最爱最爱的，大概得在日暮西山孤寒寂寞时，回首浮生，最爱的那张脸孔才会映现在眼前。

[地铁站：涩谷站] 动物大迁徙

朋友们在得知我将于冬日前往东京的时候，纷纷提示我，去看看涩谷之光，去看看空中音乐厅，去看看比五道口更加汹涌澎湃的宇宙枢纽。而事实上，五道口的人潮并不汹涌，而东京涩谷才是既成事实的"宇宙中心"。

涩谷，作为九条轨道在此交汇的枢纽大站，在这里，拥有世界上最著名的米字路口。为了更好地观摩这一盛况，我特地于下午五点准时落座于枢纽上盖的某家烤肉店，用心享用着传说中的涩谷烤肉以及威士忌。这种心情，不亚于立于非洲大草原上，准备观摩喷薄而来的动物大迁徙时的

这些在建筑与空间中曾经真实激荡过内心的仪式感，让每一段不长不短的恋情，
有了值得回忆的丝丝甜蜜，证明我们此时，此刻，就在这里，曾经爱过。

激动。

交通指示灯变幻的那一刹那，排山倒海的人流快速步行穿越斑马线，夹杂着一种猛烈的、可移动的厚重感呼啸而过。坐在大大的玻璃窗前喝酒，看世界上最震撼的米字路口行人过马路，听着靡靡爵士乐，从黄昏到日暮……你永远不知道，为了这一刻，我要付出多少努力。

夜色终于彻底漫过了白昼的最后一丝光晕，登上涩谷之光的空中剧院和空中大厅，厅堂内，在很显眼的位置放置着用乐高拼装而成的2027年涩谷枢纽建成后的模型。空中大厅（Sky Lobby）也有自己的观景台，涩谷的夜景并不璀璨，几乎所有的建筑都在施工，各种挡墙、围栏、川流不息的人群构筑出建设中的涩谷局促且慌乱的窘态，各条交汇于此的城市轨道线路半遮半露，在用地的上空肆无忌惮地交叉穿行。我在暗夜里揣度，未来的这里，将会是东京的"宇宙中心"吗？只是此刻，我无法从眼前所见勾勒出它建成后的样子，也许再过十年，会是另一番景象吧。

［分界线］关于执念

对超高层的执念，始于许多年前。刚工作那会儿，就一直幻想着能参与超高层建筑的设计。只是毕业后的第一个五年里，恰逢住宅地产的蓬勃发展时期，做了大量的住宅，由于所在团队的业务特性，更是做了不少的保障性住房。第二个五年里，又赶上了城市综合体如雨后春笋般生长得此起彼伏，但遗憾的是，所参与的设计项目中，竟然无一座超高层建筑得以完成我的心愿。

直至 2016 年，终于有了第一座超高层建筑的实践机会。彼时作为建筑专业负责人的我，画避难层画得心花怒放。别人问我为什么这么开心，我心想，你不会明白的，你知道我等了多久，才等到这个"它"吗？

《罗小姐登高记》中所记录的每一次攀爬，都是对建筑与城市身体力行地体验。在不同的标高之上俯瞰一座城市，建筑、绿地、路网，交相辉映，层层叠叠，目至远方的天际线……想象着某座城市的某个角落正在上演着某个动人的故事，抑或是某幢建筑的某个小窗前，有人和我一样用文字记录心中的惦念。

有，一定有的。

在人生的米字路口，你将如何选择？

我在济南逛园子，
听赵孟頫说此处有白玉壶

六月的第一个周末，有一件小事儿。应华建集团、同济大学建筑与城市规划学院、上海市建筑学会的邀请，参加了"城市建筑文化论坛"。我在分论坛上，做了一个小小的发言。十分感动于各位老师、小伙伴们在我发言的时候没有拉进度条快进，听我扎扎实实地絮叨了半天，我也很意外地见到了拿着我的书，现场来给我捧场的山东建筑大学的同学们。

这是我第一次来到济南，
第一次在济南看园子。

从前，对济南的全部念想，一是来自于我喜欢的作家老舍。当年，从伦敦回到北平的钻石王老五老舍先生，受邀来到济南教书，迎来了他文学成就上的小高峰。老舍一生的六十七年中，在北京的时间有四十余年，仅四年居于济南，但他用如此多的笔墨描写济南，竟然写成了一个系列，《大明湖》《济南的冬天》等作品就是在这里完成的。并且，老舍先生还把自己的第一个孩子起名为"济"。我自己写字，我明白的，济南的外在以及内在环境，让老舍先生心无旁骛，笔耕不辍，文思泉涌。

二是来自于元初著名美男子赵孟頫先生。赵大人当年服官济南时，最乐于在趵突泉吟诗写字。"云雾润蒸华不注，波涛声震大名湖。"便是出自于这位骑于骏马之上的红衣男子之手。近来，我煞有介事地开始了我的书法研习。写到楷书时，赵大人的字是必临帖。在楷书的江湖里，颜真卿大人磅礴，欧阳询大人险绝，褚遂良大人浪漫，而楷书小王子赵孟頫大人的字，削繁就简，圆转遒丽，外表柔润，但骨架却苍劲，属于典型的穿衣显瘦脱衣有肉型……唉，说得一套又一套，真落起笔来，柔软任性的笔毛时常难以驾驭。

晴颖总是教导我，逛园子，要有旧时的公子哥逛窑子的那般闲情逸致，一蔬一饭，一茶一酒，歌舞美人，一醉方休。但我觉得那仅是江南园林的逛法，济南的园子，仪表堂堂中透着大义凛然，好是真好，但可远观而不可亵玩，让我完全起不了任何歹念。

我曾经到过天下第三泉，杭州虎跑，《世间唯建筑与旅行不可辜负》

一书的封面就是那里。也曾经到过天下第二泉，无锡惠山。因为寄畅园的存在，无锡的秦园小笼都显得不那么甜腻了。所以，要见到天下第一泉趵突泉之时，心里还是有一点儿隐隐地激动，趵突泉究竟何德何能成为"武林至尊，宝刀屠龙"的呢？

会议结束的第二天，是周日，距离回程的飞行还有半天的时间，可以在济南城里逛逛。于是，我打了一辆高级坐骑（人力电动三轮车），穿梭于济南的老市区里。没错，我就是对各种形式的"公共交通"，特别地感兴趣。人力电动三轮车全程花费 15 元，那拉风的场景真有点儿张艺谋的电影《有话好好说》里的意思。

如果说虎跑泉是以水杉和空谷幽兰的意境取胜，惠山泉是以暮鼓晨钟的声学效果得赢的话，那么趵突泉，真不愧为天下第一泉，它是……以"鱼"为最大亮点！真的有好多好多鱼呀，红色、黑色，体格健硕，高大威猛，平均身长都在一尺之上。这些散落在人间的精灵呀，慵懒而悠闲地徜徉在若干泡清澈见底的碧水清潭之中。

这让我忽然想起了《西游记》里的奔波儿灞和灞波儿奔。那两条鱼精是小妖，而趵突泉里的鱼，才是上仙。话说，我是非常酷爱喂鱼这项"事业"的，我曾置身于苏州博物馆里的庭院，完全忽视了贝先生的大作以及馆内的展品，专心致志地倚在池畔喂了一下午的鱼；也曾三赴上海豫园，立于涵碧楼前喂鱼喂得心花怒放（豫园里的乌龟还是很凶猛的）。而彼时的我，

面对趵突泉这一池碧水，竟然忍住了。

趵突泉的一亩三分地儿有两个很有趣的园子：沧园和万竹园。

两座园子，两座纪念馆。

沧园（王雪涛纪念馆）

传统的四合院建筑，青砖、黑瓦、白墙。布局中轴对称，属于禁欲系的园林，拘谨、内敛、不苟言笑。但园周又有游廊，让园子稍微有了一丝情趣，只是不懂，为何沧园的大门朝西呢？另外，我的注意力全程被傲娇而霸道的太阳能路灯所吸引。

万竹园（李苦禅纪念馆）

同济大学的李振宇老师一直向我力荐此处，这里确实是我在济南看园子的最大的惊喜。万竹园有前院、东院、西院三套院落，共 13 个庭院，是一座兼具北方王府、江南园林、济南四合院三种风格于一身的园子。这种混搭，尤为精致。身处其中，眼前的任何一种元素你都不会觉得突兀。

万竹园从正门走进，一道道垂花门，极具仪式感。说"庭院深深深几许"那是矫情，但特别有那种——此乃大户人家，只要是嫁进去，上有恶婆婆，下有妯娌小姑，再加上那如同摆设一般不闻不问的相公，或身居要职，或

长年征战在外，或花天酒地……你就甭想过上好日子的小媳妇的人设。入戏太深，我逛园子真的能逛出一部千秋家国梦来。

园中有垂花门，还有各式异形门，当然这跟苏州园林中的云窗是不能类比的，对，就是沧浪亭里被我多次提及婀娜多姿的"便便门"。济南的园子，克制又拘谨，而苏州园林的浪，是真的浪。

话说万竹园的传奇，还有一个蛮灵的，就是我国著名心灵鸡汤大师蒲松龄先生以济南万竹园为背景创作的《聊斋》之中的著名篇章"狐嫁女"。别误会，这篇说的不是"若为棋酒之交，若作床笫之欢"的那个，讲的是：济南明代内阁大学士礼部尚书殷士儋在还是个穷书生的时候，夜探荒凉古宅偶得金杯的一段奇遇。

步行半日，犹隔三生，
两座园子，一世人间。

我们总说学建筑要行万里路，行走与记录，又有多少光阴用来耗尽我们的风雨兼程呢？时隔半月，将这次济南之行记录下来，想起《岳阳楼记》中的那句"属予作文以记之"，殊途同归，古人与今人的念想，大多如此吧。

南京，我和春天有个约会

人间四月，南京。

感谢刘志军老师和邓浩老师的邀请，

让我再一次来到了南京，来到了东南大学。

我的第一任男朋友是南京人，分手后，他给我的最后一条留言是：我把小西天的房子装修好了，你有空过来看看。我彼时是有一丝窝心的，隐约觉得自己是否有些残忍，分手分得如此决绝。但是故事的结局是这样的：半年之后，他便晒出了热带海岛蜜月婚纱照，当然，新娘不是我。（此处应该配有一个大大的微笑。）

大学毕业之后，和我共用一支口红的 YY 去了南京，她从设计院的画图小丫头，步步惊心，在宫斗混战中脱颖而出，成为南京某地产女高管，她自豪地对我说，最多的时候，她手上可以同时负责九个项目。

YY 开着车带着我，"叭叭叭叭"按着喇叭（YY 诡异的开车习惯），转遍了南京的大街小巷，从清晨到日暮，换着花样地扫各种馆子。那是我参加工作的第七年，彼时的我辛苦，劳顿，加班加得天昏地暗，前途渺茫。YY 就是我心里的一颗糖。

我站在威斯汀酒店的客房里，透过锯齿形的玻璃幕墙，眯缝着眼望着面前的玄武湖时，忽然产生了一种君临天下的错觉。冬日的南京，一片苍凉，但满怀希望。YY 陪着我在夜色中穿行了四牌楼 2 号，我吃到了最好吃的蒋友记牛肉锅贴和鸭血粉丝汤。

又过了几年，我的地产项目经理，荣升南京分公司总建筑师。在我恭喜他终于从项目建筑师熬成了总建筑师，完成了地产圈的阶层跨越之时，他幽幽地告诉我，南京分公司目前只有三个人：总经理，副总经理，和他。

就这样，他再一次，成为我的甲方。那个项目，我们跟踪得非常艰苦，整整三个月，跨越春节（跨春节的项目你懂的）。当时一切的风向标，让我们认为势在必得，结果，黄雀在后。那一次的打击无疑是巨大的，南京的冬天，冷得刺骨，夜幕降临，我站在瞻园的静妙堂前，挠墙的心都有……

　　秦淮河的夜，确实是个香艳之所。坐夜游船，即便冷风刺骨，但依旧可以嗅得出那一抹旧时的魅惑来。无论是八绝还是八艳，好吃的和好看的凝结成一股幻象倒映在苍凉的旧城上空。假如有一个城市不需要冬天里的太阳也能很美，那一定是南京。南京好，每一寸肌肤都好。

　　终于，不再是冬天，

　　人间四月，东南大学中大院。

　　我准备了大几十页的PPT，想跟学生们聊聊我的前半生。我的内心是忐忑的，我隐约知道现在的学生们都关注些什么，听一个在设计院摸爬滚打十二年的女孩子讲她如何做建筑师，也许并不是一件时髦的事情。

　　此刻的南京，妩媚的梧桐树正值发情期，看得见的，看不见的，飞絮漫天。从机场高速下来进入市区，我开始久咳不止。至中山东路已是傍晚，夜色中的梧桐（据说不是法国梧桐，而是英国梧桐），健美而挺拔，梧桐让人心动之处在于，一年四季它都美得感人。冬季，秃有秃的美，矍铄而冷艳；夏季，有遮荫蔽日的美，洋溢而缠绵。整个城市的记忆，仿佛荡漾在这一层层的绿境之中，深绿的、浅绿的、嫩绿的、黄绿的。你仿佛永远看不到这一段来时路，有多漫长；是谁和谁，并肩走过，却又擦肩而过。

　　入住向往已久的中央饭店。《北平无战事》中崔中石营救方孟敖于南

一首《月圆花好》，"浮云散，明月照人来"，映衬着中央饭店一个世纪之前的明争暗斗。

京斡旋，就是在这中央饭店。一首《月圆花好》，"浮云散，明月照人来"，映衬着中央饭店一个世纪之前的明争暗斗。饭店的走廊里，挂满了彼时南京政府各界政商名流的影像，当你推开一道道门，仿佛灵魂与历史上这些传奇人物不期而遇。你静静地坐在那儿，也许张学良先生会伸出手："罗小姐，能请你跳支舞吗？"

我住的客房门口的墙壁上，挂着胡适先生的一张照片，照片旁注写道："新文化运动领袖，胡适先生，下榻中央饭店。"我呆呆地驻足，对着80多年前的这张旧照凝望许久。胡适先生真是好看，眉好看，眼好看，嘴角好看，轮廓也好看，笑起来真是眉目传情熠熠生姿。这颗新文化运动的巨星和他的小伙伴们，掀起了近代文学的文艺复兴，如果是当年，我想我会爱上他。（咳咳，胡适先生可是有太太的，请冷静！）

中央饭店距离四牌楼2号，只有两公里。校门口的墙根儿底下，有一块黑色的石碑嵌入围墙之内，斑驳且积满了灰尘，但你却不能忽略上面的文字：中央大学旧址。再抬头，它的正上方赫然有一个蓝色的、崭新的门牌号：四牌楼2号，邮编210018。

我大学里最喜欢的老师，毕业于东南大学建筑系，1981级，那时的东南大学，叫南京工学院。我至今还记得，大学一年级的建筑初步课上，他认真地教同学们如何削好一支铅笔。我当时就暗暗在想，南工毕业的男生削铅笔都能削得这么性感呐！后来的工作和学习中，也遇到过一些"东大出身"的建筑师，他们都有一种共性：温润、务实，能动手画图，就从来不嚼舌根儿。

刘老师带我沿着以下路线穿行在四牌楼 2 号的校园内，以中大院为起点，走中央大道→"止于至善"广场 → 礼堂 → 南高路 → 体育馆路 → 六朝松 → 梅庵 → 东南大学建筑设计研究院，沿体育场东侧路，返回中大院。

整个东南大学的老校区，最让我心动的房子，竟然是体育馆。这座 1923 年即落成的建筑，彼时耗资 10 万银圆，时为国内高校之最。罗素、杜威、泰戈尔，都曾身临此处演讲。当时，泰戈尔演讲的翻译，就是那个"在星辉斑斓里放歌"的亲爱的摩摩（徐志摩）。

"江南佳丽地，金陵帝王州。
逶迤带绿水，迢递起朱楼。"

北京、伦敦、纽约、巴黎……唯有南京。
你从来不曾见过这满眼的绿，厚重而亲昵，绽放在历史的尘埃之下。

傍晚，走进中华门之瓮城。中华门，明城墙十三座城门之首，它虽没有紫禁城角楼那般隽秀与精致，但磅礴之势呼之欲出。南京的城墙，悠长、绵延，一望无际。沿着城墙的轨迹，向着夕阳的方向走去，当落日的余晖依旧耀眼地洒落在眼前，屋檐，片瓦，一块块刻着名字的青砖……你心里

沿着城墙的轨迹，向着夕阳的方向走去，当落日的余晖依旧耀眼地洒落在眼前，屋檐，片瓦，一块块刻着名字的青砖……你心里荡漾的，是跨越千年的想念，源远流长，生生不息。

荡漾的，是跨越千年的想念，源远流长，生生不息。

小插曲：那天，在东南大学的讲座结束之后，一个很阳光的男孩子留下来和我聊天。他告诉我，这个夏天，他就要研究生毕业了，接下来他会去华东院工作。他年轻的脸庞充满了对未来的向往。这样真好。在这个行业里，我们看了太多年轻人的顾盼和沮丧，我祝他在未来能够实现自己的职业理想，拥有一个属于自己的远大前程。

罗小姐小事记·三

❀ 发现很好的一套书，2014年出版的《林徽因集》。分为"诗歌、散文"，
"小说、戏剧、翻译、书信"和"建筑、美术"三卷。想起张幼仪这样
评价林徽因："徐志摩的女朋友是另一位思想更复杂，长相更漂亮，双
脚完全自由的女士。"徽因小姐最为可贵之处，就是她拥有完全独立而
自由的灵魂。

❀ 看影评，有人提到：伍迪·艾伦能拍出《午夜巴黎》，那么咱们也可以
整一个《午夜北平》。想想在旧时北平的某个雪夜，能和郁达夫、巴金、
林语堂、胡适、沈从文、老舍对酒当歌，甚至还有机会邂逅梁林夫妇……
超豪华近代文坛黄金时代一夜游，这个真的可以有。

◎ 看了一下冯唐的官方履历，一时半会儿缓不过神儿来。他有以下四种在外人看来特别不理解的身份：为什么一个协和医院的临床医学博士；能像贺涵一样就职于国际战略咨询公司；又能成为央企高管；且同时登上作家富豪榜，并写出"我将用我的万种风情，让你在将来任何不和我在一起的时候，内心无法安宁"这种东西来？

◎ 又把《东成西就》重新翻出来看了一遍，那真是一个群星灿烂的年代。夜深了，我竟然很认真地在听张国荣和梁家辉合唱的《双飞燕》。印象中这段插曲应该是华语乐坛中男男对唱的巅峰吧：美人呐，你今天的发型好别致……

◎ 那天在讨论谁是华语乐坛的一代宗师，提起罗大佑。罗大佑真的有太多经典，但个人最爱的还是那首《滚滚红尘》。当年我去听老罗的演唱会时，也是满怀虔诚地期待着这首。一直反复狐疑，到底是怎样的才情方能写出"为只为那尘世转变的面孔后的翻云覆雨手"这么颠倒众生的情话？

◎ 夜晚的雨声，格外动人，舍不得关上窗。摆弄着手机里建筑师们最爱玩的游戏——纪念碑谷，身后传来一段励志的旋律，上天入地，疯魔成活，金戈铁马，仗剑天涯，竟然出自一名女子之手。陈粒的，《历历万乡》。

◎ 对两位画家情有独钟，一位是吴冠中先生，一位是丰子恺先生。这两位画家又同时都是散文家和诗人，好有趣。喜欢他们，即便生于乱世，却仍可以用笔触来描绘满满的幸福。

● 有些事情确实难以解释，按理说，可以让技艺炉火纯青的，大多源于时间。而很多大导演最好的戏，却是在壮年，比如陈可辛，比如陈凯歌，也比如张艺谋。二十年过去了，最好的还是《甜蜜蜜》，还是《霸王别姬》。但李安真的不一样，你永远不知道他下一张牌要打什么，他的微笑里是无边的天际，也是无底的深渊。

● 很喜欢张清芳的一首歌《深邃与甜蜜》，张曼娟作词。话说一直很佩服永远能写少女心歌词的人，这需要词作者一直保持一颗清澈的心，真的很难，而张曼娟就是其一。从前以为林夕的词是御姐，但林夕却也写了《心动》这样的词，这也是少女心的典型案例。

● 年少不懂肖邦，认为柴可夫斯基才是十九世纪最伟大的音乐家。从前去听肖邦题材的音乐会，总是以睡着告终。直到近来，才渐渐开始懂得肖邦，他是诗人，细腻，柔软，浪漫主义的顶点，便是肖邦。

● 曾经发表言论揶揄香港四大才子之蔡澜。只因晴颖寄给我的那本《愿你成为最好的女子》，看完之后泛起满腔愤恨，感叹世间怎可以有如此大男子主义之人？但又看了几本他的书之后，遂发现，原来他只是个喜欢吃肉、喝酒、谈恋爱的老顽童。文字真的能让一个人的形象栩栩如生，宛若他就站在你的面前，讲述他年轻时的那些混账事儿。

◎ 我们时常抱怨，这世上怎么没有知音？你说的，她都能懂，你们人生观、世界观、价值取向如天造地设般一致。今日看到一篇文章写得很有趣：要什么知音？你看看人家段正淳就不需要知音！

◎ 昨日看了一篇文章《价值观才是人与人之间最深的鸿沟》。其实，在遇到形形色色的人之后，我觉得价值观什么的还是可以克服的，个人修养的迥异才是人与人交流的最大障碍。

◎ 《聊斋》中有这样一则故事，某书生邂逅一女子，女子对书生说，如果你我二人结为夫妻，只有三年的缘分；如果只做月下听琴的朋友，便可以相处一世。这个故事告诉我们：友谊也好，爱情也罢，凡事不要做尽，干柴烈火固然好，但唯有细水，方可长流。

◎ 感谢发明电影的人，让我们在黑暗中毫无戒备地沉溺于另一段人生之中，无论天堂或地狱，两个小时，灯亮，满怀温暖回到人间。

◎ 有时，我就幻想自己有没有可能成为一代奇女子呢？比如芈月啊……嬛嬛啊……长孙皇后啊……上官婉儿啊……抑或是芳名流洒人间的柳如是、小凤仙什么的。奇女子的人生多精彩而丰富呀，完全是红颜一笑转乾坤的境界。后来仔细一想，可拉倒吧，上面那几位有画图出身的吗？别做梦了！

● 半夜三更，看着自己五年前写的书，哈哈大笑，心中暗自念叨，我年轻时竟然写了一本这么好玩儿的书！本来想在而立之年走佛系路线、岁月静好的我，还是决定扒下虚伪的外衣，当一个敢爱敢恨、金戈铁马、快意恩仇的人。

第四幕

红尘中做伴

我们还是要做一个爱憎分明的人，
不讨好、不谄媚、不得过且过，
不趋炎附势、不委曲求全……
我们修炼了这么多年，
就是为了携自己所喜笑看人间的呀。

看山看水，看园子。
写情写爱，写红尘。

上海，PSA，苏州，裕兴记，钟书阁，以及其他

上海，阴天。

十月如盛世，各大展览蜂拥而至，我给自己定了"两个展览＋一场秀"的沪上行程：当代艺术博物馆的坂茂建筑展、龙美术馆的伦勃朗黄金时代展、上海时装周。但计划总是被变化所打败，由于在建筑与美术展上花了太多的时间，以至于本想围观酒池肉林的我，将新天地看大秀的计划搁浅了。

晴颖早我三天来上海，时装周这种事儿对她来说算是大日子，我早已领教过作为服装面料专业杂志主编的她，给我洋洋洒洒地讲述了改革开放

四十年的时装简史。她提醒我，一场秀也就 20 分钟左右，不就是看酒池肉林嘛，没什么意思，回北京我带你坐第一排。你要去看坂茂，那个更值得，另外，当代艺术博物馆的三层，你会有惊喜的。她是个不折不扣的建筑控，我从来没有遇到过一个非本专业的人士对建筑如此的痴迷与钟爱。

PSA，上海当代艺术博物馆的简称，前身是南市发电厂，时常致力于承办各方建筑师的大小展览，做过伊东老爷爷以及藤本君的个展，这次十月的档期有两个建筑师的主题展览：一层的"坂茂建筑展——建筑设计与救灾项目共存"，三层的"栖居的庆典·真实·虚拟·想象——巴克里希纳多西建筑回顾展"。

话说明星建筑师的效应果真不同凡响，一层坂茂先生的展厅真的是人山又人海，展厅门口，大家甚至被要求分批进入，晕人严重的我，想起晴颖的建议"三层有惊喜"。于是我便先踱往三层看看展览中的"冷门"——多西建筑回顾展。这是一个非常正确的决定，我的小心心被用力地触碰了一下下。

多西在大学毕业后，追随柯布西耶；回国后驻场于印度，做柯布在地项目的现场建筑师，主持过昌迪加尔和艾哈迈达巴德的项目；再然后，成立了自己的建筑事务所，开始了漫长的本土实践。这个经历，与日本现代主义建筑设计先驱前川国男是如此之像。展览通过导览长廊、密闭空间影像、绘画、图纸、模型等方式，向我们展示了建筑师多西根本就不传奇的一生（特

多西展览的入口，引导你走入密境，在克制中找寻浪漫。

别踏实实干型）。我静静地坐在简易搭建的黑色幕布影像空间里，反复地看着年迈的多西的背影穿梭于他设计完成的各个建筑与场地空间之中。

回到了印度后的多西，获得了大量的政府委托项目。但他的作品前期与后期的风格迥异，起初，他仍在努力向三位仙师致敬，后期就比较"放飞自我"，他开始努力寻找一种方法将西方建筑设计的那一套真正本土化，他渐渐成为属于印度的多西，成为他自己。

从三层下来，依旧缓不过来神儿，看展览怕的就是这一点，当它真正地走进你内心的时候，你很难在短时间内抽离出来，空间与场地虽然隔绝了，但精神与情绪却深深植入内心，这真可怕，现代人咬紧牙关不愿承认心动，但心动的感觉就是这样。

2018 年 3 月，巴克里希纳·多西，因普奖一战成名。此一战成名非彼一战成名，是指因这种方式，才被更多的人熟识。际遇与因缘真的难以言述，如果一层的坂茂展、三层的多西展都同时推迟半年时间的话，我想，多西爷爷这儿将不再会那么荒凉与冷清吧？那将是一幅难得的胜景，两大普奖得主，狭路相逢，谁与争锋。

PSA 与龙美术馆很近，顺便去柳哥哥的龙美术馆看"伦勃朗的黄金时代"，从前一直没想明白媒体照片上的龙美术馆看起来平实而低调，为什么被业内奉为经典，并斩获多项大奖呢？今日步入内部，终于恍然大悟。

通往地下展厅的入口空间尤其令人惊叹，让我甚至以为这不是通往展厅，而是通往一座神秘的地下殿堂。看展的过程十分欢乐，光影大师伦勃朗先生真是一枚妖娆的美男子，各种造型配搭成制服诱惑自画像，看得我心潮澎湃。

在龙美术馆的蒋廷锡"百种牡丹谱"特展中，发现一个很有趣的小细节。每张牡丹图的落款处都有两枚小印章（有点儿像连珠印），约一厘米见方，一款为阳文，一款为阴文。古人真是顽皮，身居宦海，作为礼部尚书外加文华殿大学士的蒋大人，竟生活得如此精致可爱。

看展真的需要一双舒适的鞋，要饮足够的水，看着看着还会饿。遇到喜欢的展，根本挪不动脚步，直到夜幕降临都出不来。

龙美术馆真的是漂亮姑娘的集散地，一层的"安东尼·葛姆雷：静止中移动"展里，除了60个铸铁人以外，浩浩荡荡汇集了好几拨儿带着摄影师和助理拍摄个人写真的姑娘。后来发现，原来她们是互为摄影师，你方拍罢我登场。私人美术馆门票虽然价格不菲，但在看展的时候还能捎带手看看漂亮的人儿，真是物有所值。

上海，雨点淅沥，至苏州，暴雨。

这一场读者分享会，在苏州的钟书阁书店。关于为什么定在苏州的问题，一言难尽，我曾经在《世间唯建筑与旅行不可辜负》一书中，大段大段描写了对苏州的热爱。无锡可能听了要不高兴了，分明写无锡的笔墨更多呀。但我真的爱苏州，我就是这样，喜欢什么，就会表达出来，并付之于行动，从来不搞什么欲擒故纵。

苏州住的酒店是从前的辉盛阁，那晚整夜都睡不好，窗外风声雨声呼啸，一个人的异乡，最怕风雨交加。一次次地醒来，顾盼着天明的一丝曙光。

清晨撑伞出门，想着上午要是能去上一趟沧浪亭，在暴风雨之际立于亭中，那是何等的惬意？在苏州，我最喜欢的园子就是沧浪亭，就是那个近水远山皆有情的特别浪的园子。但彼时的苏州城，风雨大作，寸步难行，雨伞这种功能性器物已经接近无用。头发湿漉漉地躲进路边的裕兴记食面避雨，惊奇地发现，哪怕这样恶劣的天气，苏州人对面的热情依旧……周日，清晨，竟然有这么多人冒着大雨只为食一碗热腾腾的面。

苏州的面是真好吃，好吃到什么程度呢？这么说吧，我这么一个无辣不欢的女子，对着一碗刚端上来的苏州面，愣是舍不得放上一丁点儿的辣椒，生怕动摇了它原本的滋味。

心里打鼓，这样的天气里，会有人来吗？

特别感动，下午，近一半的读者是坐着高铁从上海赶来，大家在微博、

际遇与因缘真的难以言述，如果一层的坂茂展、三层的多西展都同时推迟半年时间的话，我想，多西爷爷这儿将不再会那么荒凉与冷清吧？那将是一幅难得的胜景，两大普奖得主，狭路相逢，谁与争锋。

微信里给我留言，告诉我，已经到苏州了，上午看苏博，下午来看你。我没有化妆，穿我平日里的衣服，现场每一位读者，我都会问他的名字，我把大家的名字与我的名字，写在书上，万水千山，能冒着台风赶来相见，怎一个"感动"二字了得？

　　写字对我来说只是记录，
　　能拥有知音，
　　用文字使灵魂得以沟通，
　　实之我幸。

仙履奇缘之，爱的代价

从前，女建筑师述标汇报项目有三样神器：激光笔、录音笔、高跟鞋。

这三样东西，我们都在努力追求最好的，以便于随时能闪亮登场，谈笑间樯橹灰飞烟灭。激光笔推荐罗技，录音笔已然被手机所代替，会议纪要全靠它。但对于高跟鞋，始终是我的一块心病。

我对于鞋的异常挑剔，源于我几乎与每一双鞋都有过一段血泪史。我的脚是 35.5 码，因为不大不小，介于两个码之间，于是每当挑战一双新鞋，对我来说都像是一场战役，脚后跟儿破了好，好了破，血肉模糊，惨不忍睹。好不容易适应了这一季，一年过后，再次加身之时，爱欲纠缠过往轮回又得重新来过。

有时，穿上自己已经适应了两三年、磨合得几乎人鞋合一的旧鞋时，脚丫还会再次破皮流血……痛定思痛之后，我才慢慢明白，这个世界或许根本不存在完全适合自己的鞋，只有不断磨砺的自己。后来索性，干脆以平底鞋打发过活，虽然也偶尔有流血事件发生，但其概率已大大减少，高跟鞋是不敢再尝试了。

我有一双"开工"鞋。59元包邮买的，应该是人造革的吧？但它却是我翻牌儿率最高的一双鞋。带我走过伦敦、雅典、罗马、巴黎，伴我看过地形、下过工地、爬过景山、游过江南，陪我奔走于发展改革委、规划局、消防大队、人防办……作为鞋这种物件，无论贵贱，陪伴才是最长情的告白。历史的经验告诉我们，好穿的鞋，往往不需要很贵；而那些很贵的鞋子，也不都是传说中的那样好穿。

直到有一天，我妈实在看不下去了，拿出她的一双高跟鞋，对我说："罗罗，你穿我这双，高跟鞋你是一定要练习穿的。"（因为我是1米586小姐。）

女友Vivian是传说中的高跟鞋女王，她拥有各式各样的高跟鞋，还曾经因为高跟鞋事件上过报纸的专访，7cm的鞋跟儿轻松驾驭于双足，摇曳在各种会议室里，纤细的小腿，细长的小鞋跟儿，看着美极了。她告

诉我，想练得飞檐走壁身怀绝技，是需要一个过程的，你可以从 3 厘米
练起。

　　于是，我有了一双特别"响"的 3 厘米高跟鞋，翻牌率约 5%。之所
以不常穿，是因为穿着它走起路来，鞋跟儿实在太响啦！比如，在加班的
夜晚，整层楼就你一个人的时候，当你独自走向洗手间……或是当你徜徉
在午夜的地下车库……（主要是怕吓着别人，就不好了。）

　　只是，3 厘米这种高度，完全是杯水车薪，根本解决不了实际问题。
为了能在电梯里从海拔上一览众山小，我准备买一双 F 牌高跟鞋来重新挑
战真正的高跟鞋领域。F 论美艳程度，也许在时尚界排不至三甲，但它却
以其舒适度、脚感好而著称。出人意料的是，这双 5 厘米（咱得慢慢来）
还是给了我一个不小的下马威。

　　余小姐听说我买了 F 牌高跟鞋，忧心忡忡。她贴心地告诉我：千万别
直接穿出去，在家里先练，适应了再出门。我也为适应新鞋做了充分的准
备，为了把损伤度降到最小，我还细心地粘了后跟贴和前掌垫，美貌端庄
的 F 在我的万千"补丁"装饰之上，被包扎得像是一个伤员。

　　老同学小强曾经对我有过这么一个评价：总是喜欢挑战高难度（在任
何事情上都是）。这话他跟我说了好几年了，我一直记得。不是我喜欢挑
战高难度，而是人总是有些念想的，有了念想，不是让它在午夜梦回时徜

徉一下就算了，而是我们一定要想尽办法去努力实现它，是一个又一个的念想驱使着我们变得越来越好。

我们在追求自己喜欢的事物时，常因求而不得痛苦、难过、失望。但在追逐的过程中，我们也在慢慢调整自我，重塑自我。通过锲而不舍，让自己变成更好的人。许多年后徐徐回首，当初你喜欢的，它也许还在那儿，而你自己已然又走了更远的路，看到了人间更好的风景。

所以，你千万不要小看那些把高跟鞋穿成家常便饭的女人，没有人天生可以把7厘米轻松地驾驭于双足之上，她一定是经历了漫长的阵痛，妥协，执拗，再阵痛，才修炼得如今日般步履轻盈，足下生风。

有个姑娘鼓励我："高跟鞋这种东西，是需要坚持的；撑过去，你就是女王！"
这话，我一直很受用。
因为世间的事，大多如此。

于是，我一直没有放弃寻觅舒适而美丽的高跟鞋，虽然作为建筑师的我，极少有合适的场合穿着她们。但每当看到那些美丽的高跟鞋静如处子，安静地立于橱窗之内，我就会想到自己穿上她们的样子。

世间留给女子的路，本就更难走些，于是，我们更加需要一双好鞋，

痛定思痛之后，我才慢慢明白，这个世界或许根本不存在完全适合自己的鞋，
唯有脚下的路，以及不断磨砺的自己。

带领我们走过鲜花与掌声的林荫大道，也陪伴我们度过失声痛哭的漫漫长夜。

十月就要过生日了，我又给自己买了一双漂亮的高跟鞋。每天弯着腰努力地工作，就是为了遇到心爱的物件时，能挺直腰板儿拍案而起，对着它轻喝一声："姑娘我今晚就赎你回家！"

人间有味是清欢

　　我小时常提"最爱"一词，后来我爸发现了我的这个语言习惯之后，就问我："你什么都最爱，你到底有多少个最爱？"我仔细想了一下："嗯！让我好好数数……"

　　也不知从何时起，渐渐发觉自己成为一个"好吃"的人，并且是那种吃个盒饭都能吃到心花怒放的人。回忆幸福的时刻之一：出差在酒店加班画图到深夜，手机 APP 叫上一份现烙的牛肉馅饼外卖，然后，趁热吃喽。当然，"好吃"与"懒做"常常成对儿出现，于是只能通过主观上的努力将这种与生俱来的小欲望，压抑再压抑。但有些东西，越是掩饰，越是欲盖弥彰。对喜好是，对情感是，对食物也是。

我是爱极了时令水果的。农历三月的枇杷，四月的杨梅，五月的荔枝，六月的龙眼……甜，这种味觉瞬间可以把身体里的百爪挠心纷纷治愈，让灵魂与肉体荡漾在千娇百媚的回甘之中。而世间水果千千万，甜的方式又万万千，我最爱的，依旧是荔枝。在盛夏，从冰箱里取出一颗颗外表粗粝内心柔嫩的可人儿，吞之而进，愉悦之感直指内心。

荔枝有七大品种：桂味、三月红、挂绿、妃子笑、糯米糍等。旺季下来的时候，南方的城市，路边一筐一筐地卖，几块钱一斤。因为是时令水果，新鲜又便宜。在头尾长达两个月之久的荔枝季，我把每年最真挚的等待，给了广东增城的糯米糍。

在吃到增城糯米糍之前，我并不知道增城的荔枝天下闻名。只晓得那句"一骑红尘妃子笑"，还轻轻地嘲笑了一下，长得美就可以那么作吗？（据传说，杨贵妃食到的荔枝可能出产于四川。）而在荔枝的当季，极品的广东增城糯米糍可以卖到30元一斤，这到底是何方神圣？这一尝，不得了，一食钟情，相见恨晚。至此，便成了增城糯米糍的忠实食客。

固执如我，老派而腐朽，内心深处是十分抵制无核荔枝的，荔枝的核可以小，但绝对不能没有，如果没有，那就是妖孽。每年六月中下旬，便是增城糯米糍问世的季节，但只有短短两周的食期。在这两个星期之内，能食到千里之外最新鲜的冰镇糯米糍，极小的核，肉质肥美，与桂味荔枝那种侵略性的甜有所不同，这种甜是清心寡欲的甜，像初夏少女的吻，柔

"在世间自有山比此山更高，但爱心找不到比你好。"

——《世间始终你好》

软湿滑，一口一口，步步为营，深撩我心。

姑娘们可以为了喝到半岛酒店的下午茶，排队守候；那我们也一样可以为了世上最美味的荔枝，盼上一年又一年的。人世间最深情的等待，有时候恰恰是为了这些记忆中难以忘怀的食物。人活着，总得有点儿念想吧？虽说一颗荔枝三把火，但每当增城糯米糍就这样赤裸裸洗白白地摆在我眼前的时候，孤灯夜烛干柴烈火，谁还管得了那么多！

有时，新认识的朋友，自我介绍，我的老家是广东增城；抑或是，我的老家是江苏高邮，我都会不自觉地咽一下口水。若增城，因荔枝而香艳；那么高邮，就因鸭蛋而销魂。

看到汪曾祺先生又出新书了，吓了我一跳，原来是他1980—1997年的散文集，换了个书名而已。挑选的篇章全是他喜欢的各种当季小食，唯独没有那篇《端午的鸭蛋》，我内心泛起一阵失落……汪曾祺先生的故乡，高邮的鸭蛋，绝对可以称之为点亮人生的航标灯。

我是咸鸭蛋的忠实爱好者，一颗咸蛋，一碗白粥，你侬我侬，在我看来是人间最登对的配搭。我一直在努力寻觅美味的鸭蛋。端午节前，准备买高邮以及崇明的鸭蛋，来尝尝鲜。但我的女神苏州籍程老师宽解我，高邮的鸭蛋就不要和崇明的鸭蛋展开角逐了，江浙沪自己较个什么劲，属于内讧。

后来，在朋友们的建议以及初步筛选之后，最终挑选了比较有代表性的三款来自不同纬度的鸭蛋进入终极对决。他们是：江苏高邮鸭蛋，广西红树林鸭蛋，以及河北白洋淀鸭蛋（雄安鸭蛋）。比赛结果竟然有些出乎我的意料，最终，雄安鸭蛋以其硕大的体形，丰腴的蛋黄以及咸淡适中、软硬皆宜的蛋白完美胜出。高邮的鸭蛋好是好，小家碧玉深藏不露，而雄安鸭蛋以它牡丹般的雍容以及丰姿绰约的口感，更胜了一筹。

甜、咸说罢，自然想到了辣。我是个无辣不欢的女子，平日里常随身自带研磨辣椒、花椒小罐，无论什么菜式，都习惯放上那么一丁点儿。我对辣椒的热爱，真挚而热烈，赤胆忠心，历经岁月，从未动摇。但是，还是有些食物，让我暂时摒弃了对辣椒的执念。比如，苏州的面。

苏州的面出现得比较"讨巧"，它几次的"莅临"都正好赶上我最饿的时候，如久旱逢了甘露，他乡遇了故知。一次是在沧浪亭，我逛到前胸贴后背，园子里的近水远山可以让灵魂打个饱嗝儿，但肉体上依旧需要些碳水化合物来带给自己些许的饱胀与富足感。正好，沧浪亭的不远处，有一家裕兴记，解救了我两眼冒着金星的肉体。另一次，是在台风天的清晨，我举着一把孱弱不堪的雨伞艰难地行走在路上，想要在这狂风大作的街巷中觅得一点小食，走到寸步难行之际，抬头望向路边，裕兴记的招牌，宛若天上的仙女在向我招手，我浑身湿漉漉地步入其中，食下一碗虾仁蟹粉面，方才消乏。

我和裕兴记的缘分不止于此，那日游罢怡园，出门左转100米，又是一家裕兴记。这次不是碰巧，我是专程来这儿食一碗传说中的"三虾面"。和我一起拼桌的是一对中年夫妇，当男人发现与我点的是同一道浇头时，便兴致勃勃地打开了话匣子。他告诉我，他们是开了快两个小时的车，特地从上海赶来食这一道当季面食，并热情地指导我，这个"三虾面"应该怎么吃才过瘾。

我的枕边，常年放着一本好玩儿的书《民国太太的厨房》。

书里详述了：

张大千的牛肉面，

张恨水的火腿，

王世襄的巧克力圣代，

钱钟书的月子餐……

一个人所拥有的生活品质，食物真的好重要。食得少，食得精，口味又恰好是自己所喜，那真是金风玉露一相逢，便胜却人间无数。只可惜，忙碌的工作和生活的琐碎，让我们基本没有时间去照顾好自己的胃。胃是通往灵魂的，胃不快乐，灵魂自然无法快乐。终于明白为什么有的人再忙也要自己做饭，哪怕一周只做一顿，也不算亏待了自己。

我走过的地方不多，食过的美味也有限，但遇到心动的，便会一直记在心里：沈大成的鲜肉月饼，鼎泰丰的蟹粉小笼，红宝石的奶油小方，徐记私厨的秋葵虾仁，六必居的芝麻酱……在这活色生香的人间，总会对食物有一种特殊的眷恋，记性一直不太好的我，却可以清楚地记得近十年来与他人共聚的每一次餐饭。一是因为吃饭是私人的事情，所以我极少与人约正餐；二是味觉这东西真是令人难忘，如果对面坐着的恰巧是良人，那可以说无论男女，这一顿都会吃出刻骨铭心来了。

也非常喜欢一个人吃饭，去固定的餐厅，坐固定的位置，并且根本不用在意：点的菜对方喜不喜欢，自己的吃相美不美，口红有没有沾杯，还要昧着良心表达自己胃口不好来盘清炒苦瓜就行了……这里每个服务员都认识你，然后可以忘情地啃着肘子度过一个怡然销魂的夜晚。

只是，东坡先生有诗云：人间有味是清欢。人间最有滋味的，是那清淡的欢愉。也就是说，吃得过饱，凡事做尽，就不那么美好了。克制，是我们一生都要研习的功课。克制欲望，克制对食物的过度依赖，克制汹涌的情感、情绪……每一种克制都不是那么容易做到的，但在学习克制的过程中，我们惊讶地发现了自己的潜能，原来我们可以如此强大，置身于酒绿灯红如静坐山谷，每一次克制都会让你爱上此刻的自己。

美食要节制，情感亦要节制。
因节制而衍生的浅尝辄止，才是最高级的玩儿法。

人间最有滋味的，是那清淡的欢愉。一碗三虾面，荡尽了我对江南的思念。

当我写作时我在想什么

　　写作，是一个漫长的、与自我对话的孤独旅程。一盏台灯、一杯水、一台电脑，如此简陋的行头，却构成了笔者全部的输出世界。夜幕降临，万籁俱寂，就连在院子里叫春的猫咪都睡下了。此时，应该是下笔如有神的吧？但是世间万物被七情六欲所驾驭，总是有千千万万的念想，"叨扰"着正常的写作状态。请认真感受一下一个女生在写作时所经历的普通一晚。

　　第一幕：打开电脑，开启word，准备动笔（动手）。

　　第二幕：夜色阑珊，先出去走个五公里吧，刷刷在微信运动上的排名，微信运动真的是一个有趣的心理暗示小程序，只要是上了一万步，就会发自内心地觉得自己貌似更健康了一点点。据说，有的人为了刷排名，直接把手机绑在狗狗身上，一只狗狗可以同时背四部手机……真是任重而道远。

第三幕：走回来之后，有点饿，我泡了杯六安瓜片，从冰箱角落里掏出帕玛森乳酪就着吃。帕玛森乳酪与黄桃罐头一直是我的甜品真爱排行榜上的倚天屠龙，只是头回发现，甜腻的蛋糕配上苦涩的瓜片可以体会味觉新境界。话说，我从前做了个六安的项目，设计费最后只追到 50%，但却鬼使神差地爱上了六安瓜片的味道。（吃罢，隐隐发觉晚上的五公里貌似白走了。）

第四幕：嗯，努力写了两百多个字，真心感叹自己真的好有才呀，好有修养，好有内涵，好有深度，好有……（嘘，我们写文章时需要一点儿假惺惺地自我鼓励，这个世界能时刻无条件地鼓励你肯定你的至少还有你自己，所以记得偶尔用些别人听起来有点恶心的话来偷偷激励一下自己吧。）但好像这么一直写也挺无聊的，可能还需要些音乐。

第五幕：拿起手机，结果忘了找音乐的事，发现了央视前阵子播出的八集纪录片《园林》在网上有了链接，可以在线观看。于是打开视频，边看边写，果然，一个字也写不出来了。此处因为看园子，溜号时间大约半小时，一直在回味去年春天在寄畅园喝茶时的情形，苏轼叔叔曾教导我们："人似秋鸿来有信，事如春梦了无痕。"是呀，此时夜深人静，往事翻江倒海宛若梦境，曾经的一切澎湃不已渐渐泯灭，直至无影无踪……

第六幕：话说，姑娘们写文章的时候一定要注重"色、香、味"俱全，环境是很重要的，什么样的环境，就能写出什么样的文章来，一定要想尽各种办法来"成全"自己。翻了半天，翻出了"Miss Dior"的花漾淡香氛。迪奥小姐一出手，果然，房间里都是柑橘和橙子的味道。

十分理解香港女作家林燕妮小姐每次写稿都在稿纸上喷香水的习惯。气味，真的营造了一种不可言说的暧昧氛围。写作的氛围很重要：安静，香氛，略微的一点点饥饿，最好还有一缕微风。倘若，邻居家正在高压锅里压着肘子，那这文章是万万写不下去的，因为心肝脾肺早已随了去，哪里还有一丝眷恋留在洒满淡香的文章里呢？

我对写字这件事的执念，可能是个历史遗留问题。我当年立志报考人大新闻系，结果却念了交大建筑系，以至于根本控制不住自己，只好边画图边写文章。就这样，我挑灯夜战，度过了一个又一个不眠之夜。因为不想让写作变成一件苦大仇深的事，于是将每一次深夜的用力，用轻松的语气记录下来，就有了上面矫揉造作的六幕大戏。

传说，当年柯布西耶是以作家的身份，开始了自己的建筑之旅，他游历欧洲的历史名城，记录下彼时欧洲各个流派的建筑，并且在造访巴黎的那一年，还写下了许多关于风月场所各色女子的传奇故事（真是个有故事的男人）。只是……柯布西耶的这些小艳史到底在哪本著作里有记载呢？我实在太好奇柯布先生除了《光辉城市》还写了些什么？当然，从柯布西耶的绘画作品中，可以很明显地看出，他喜欢 S 形曲线的女人。

写作，是一件工具，一种途径，终极取悦的还是自己。是用笔，对自己当下状态的思考，或肤浅或深入，将文字留作纪念，当年华老去，让未来的自己望得见从前的自己。

多数的写作方式，是留作碎片式的记录，灵感的出现，有时候真的匪夷所思。比如，在洗澡的时候，头发上涂满了玉肌护发素，忽然想到一个点，就兴奋不已。迫不及待地把头发擦拭干净，披上浴巾就开始记录。因为我知道，想法这个东西，一闪即逝，我们就要趁着它干柴烈火之际，迅速扑倒。没人知道，我等待它的出现，已经等了两个星期了。

我也时常鼓励身边的人尝试记录与写作，从小事记起，把此时此刻此地所想记录下来，一点一滴，积水成渊。文字，会让我们知晓自己是如何跌跌撞撞伴着阳光和骤雨一路走来，你会清晰地看到一个真实而立体的、勇敢而坚定的、永不放弃的自己。

也许有一天，这个世界对你的亏欠会以另外的形式偿还与你，它会一如既往的新鲜，绚亮，光明，瑰丽……它会慢慢照亮你的人生，让你惊喜不已。

深夜，万籁俱寂，拿起笔，你便走进了一个新的世界里。

苏州园林之不完全指南

胸中有丘壑，西园不羡仙；

佳偶与天成，局促舞翩纤。

近水远山处，夜会彩霞前；

惊得良园梦，游戏在人间。

　　我喜欢逛园子，一蹦一跳的那种。2015 年的四月天，我来到江南，写下一篇《浪在人间四月天 | 罗小姐傲娇游江南》，意犹未尽，园子需要永恒地浪，持久地浪。于是在 2017—2018 年这两年时间里，三次往返苏州，写下了此篇，游园 2.0 版。

感谢历朝历代那一个个官场失意的老兄，正因为有了他们，前赴后继，一意孤行地造园！
造园！才让我们有了这么多园子可以流连，再流连。

回想起来，也是尴尬，毕业 12 年，从来没有度过假，所有的旅行都是身背双肩包，脚踩平底鞋，游走于城市与建筑之间。我不是个案，建筑师们虽然拿着与工作强度不匹配的薪水，但我们的假期，几乎都在路上。现在人们不屑于谈信仰，建筑师这个行业，真的存在信仰，还有一次次的诗和远方。

世间的事，正因为曾经留下了一个又一个的小遗憾，我们才会有无穷的动力，一次又一次地迁徙与往返。

［狮子林］之：胸中有丘壑

以前看过一篇文章，作者写道，京都最美的时节，不是樱花季，而是"新绿"。此刻，眼下，人间四月里的苏州是不输京都的，若想去尝看那"新绿"，得先从狮子林走起。

之所以在苏州逛园子的第一站选了狮子林，原因特别简单，上次来到狮子林，正值午后两点半，被旅游团红红绿绿的小旗子堵得差点儿连正门都没进去。终于好不容易挤进去了，那真是人山叠人海。不仅湖心亭挤满了人，感觉湖里面都是人！各种方言的喇叭声此起彼伏，让我仿佛置身于小商品市场。更窘迫的是，方向感很差的我，在盘丝洞般的假山上愣是花了半个多小时才下来，至此坐下心病。于是此行，为了享得狮子林的真颜，特地早早买了电子票，然后在清晨七点半便到了"右通、左达"的门口。

狮子林有四个人民大众喜闻乐见的看点：

● 检票刚进去的院子里，记得抬头看，贝家祠堂屋脊上有"福禄寿"三位老神仙，这是我见过最萌的福禄寿啦，好想飞身上房去与他们合影。

● 抓紧时间爬假山，别去深想那些传说中晦涩的寓意，趁着人少，单纯点，爬！机械运动，要流汗的那种！文人对湖石有自己的情结，湖石是文人的精神图腾，时而偃旗息鼓，时而剑拔弩张，山穷水尽套着柳暗花明，有趣而顽劣得很。在翻山越岭之际，寻找出口，当作儿时的游戏。

● 乾隆皇帝到此一游的真趣亭，真呀真有趣。真趣亭是园子里的主观景亭，乾隆皇帝爬假山时爬得欲罢不能，于是题字：真有趣。遂感叹：乾隆与他的爸爸一样简单直接，直抒胸臆。雍正皇帝曾在奏折里批阅"朕亦甚想你""朕实在不知怎么疼你"，殊途而同归。

● 记得要仔细端详立雪堂中唐寅所题那句缠绵悱恻的"明白清风是故人"。好惭愧，像我这种情感末梢较为敏感的女子一下子想起了太多人。

园林，大都是闲庭信步、修身静养之佳所，唯有狮子林，童心未泯的我，只想玩，如孩童一般，抛却一切尘心杂念，上蹿下跳，峰回路转，满头大汗，玩乐，成了唯一的目的。于是，在这样一个晨曦里，我把假山爬爽了。

狮子林小贴士

- 开放时间：07:30-17:00。
- 为了节约排队的时间，可以先在网上买好电子票，刷身份证便捷入园。
- 记得先爬假山，后逛园子哦。

〔拙政园〕之：西园不羡仙

拙政园，往复来了许多次，到了后来，只是专程玩赏驻足于我最爱的西花园。拙政园是苏州园林中的巨无霸，东花园是大公园，我个人不是很喜欢这种庞大的尺度；中花园是传统经典，但我自己还是最爱西花园部分，小巧而精致，每一座小建筑都深入我心。

西花园的三大亮点：与谁同坐轩，三十六鸳鸯馆，以及三大名廊之"水廊"。

拙政园的水廊，留园的曲廊，沧浪亭的复廊，并称为江南园林三大名廊。拙政园的水廊位于中花园与西花园的交界处，凌空于水面之上。除了穿针引线和分隔空间的功能之外，它最重要的作用就是：立于水廊，有最好的拍摄"与谁同坐轩"的角度。真的好爱园林中的"廊"，世界上没有哪一种建筑形式能把交通空间做得如此出其不意、迂回、辗转、婀娜、娉婷。

"与谁同坐轩"是我的最爱，我永远不会吝啬文字与图像来赞美它。

世间的事，正因为曾经留下了一个又一个的小遗憾，我们才会有无穷的动力，一次又一次地迁徙与往返。

（图为水廊和与谁同坐轩）

扇形的小轩永远是那样的萌，我每到拙政园，都要在小轩里坐上一会儿，望着水廊，再回头看看扇形景窗里的笠亭。最后，绕到笠亭之上，鸟瞰小轩的扇形屋顶，完成一系列动作，才算真的来过。苏轼在《点绛唇》里写道：与谁同坐呢？明月？清风？当然还有我啦！

拙政园小贴士

- 开放时间：07:30-17:30。

- 刚开门的时候，不要流连于东花园和中花园的景致，径直走向西花园，整个西花园就是你的啦！对于喜欢的东西，不要左顾右盼，直奔主题，大快朵颐。

［耦园］之：佳偶与天成

从平江路步行至耦园，是我非常喜欢的一段小路。一面是民宅小巷，一面邻水，暖暖的太阳下，每家每户都种了绿油油的家常小菜：小葱，油菜花，小白菜……苏州好，有好吃的面，有旖旎的园子，有迷人的小巷，还有耦园，佳偶与天成。只是后来，就再也没有看到那枝成了精的双色海棠，有些遗憾，转念一想，也许他们已然化作仙侣，双宿双飞徜徉到世外桃源去了。

耦园，拥有一宅两园的独特格局。曾有易学大师，深刻研究过耦园中的造园阵法，玄乎得很。但我却真切地于现场感受到，耦园中，那佳偶天成的独特气场。各地的游人，慕耦（偶）园之名而来，能抱着黄石假山来秀恩爱，真是看得人目瞪口呆呀。

耦园小贴士

- "耦园住佳耦，城曲筑诗城。"不少姑娘来耦园是来借喻求姻缘的，大家不要尴尬，彼此会心一笑，心知肚明即可。
- 苏州园林中的假山主要有两种，一种是太湖石（如狮子林），另一种则是黄石（如耦园）。

［环秀山庄］之：局促舞翩纤

那年金同学在我的感召之下来到苏州旅行，彼时他刚刚从设计院离职，去江南是散心，他说他最喜欢环秀山庄。浪完之后，回到北京，义无反顾地成为甲方队伍中的一员。

环秀山庄，真的是苏州园林中的一朵仙葩，是一座非常迷你的山景小园林。园外无任何自然景色可引借，如此局促的小场地内，造景极难，想不到，却造了一座"大山"，戈裕良大师在此所叠之湖石假山堪称苏州园林之最。引得怡园的某位主人深爱环秀山庄的这座湖石假山，便在自己的园子里也造了一座微型的，向经典致敬。说到怡园，免不得啰唆几句，它堪称一座深谙"借鉴"之术的小园林，不但借鉴了环秀山庄的山石之俊美，还建了一个低配版的沧浪亭复廊，考察与贯彻都非常到位的。别人家有的，

环秀山庄，在局促的空间之中，演绎出另一番天地与江湖。

我家最好也能搞一套。撺掇到一起，取百家之长，倒也相得益彰。

小长假的下午，零星几个游人点缀在环秀山庄的小角落，有倚在窗棂边写生的美少年，有在亭中歇脚的老妇人。晴空万里，把酒当歌，我真爱它彼时绽放出的那种神采，热闹，有生气。

环秀山庄留有唐寅先生的一束梅花和诗句作为碑刻：

黄金布地梵王家，白玉成林腊后花。

对酒不妨还弄墨，一枝清影写横斜。

有了唐伯虎，怎么少得了祝枝山呢？隔壁就是祝枝山书写的苏轼的诗《后赤壁赋》。

文人游园就是哆，每逛一座园子，就要留些笔墨。就像每看上一个妞儿，都非要赠人家一把扇子一样。

环秀山庄小贴士

● 环秀山庄在路边没有任何标识，在苏州刺绣研究所里。

● 开放时间：08:00-16:00。

〔沧浪亭〕之：近水远山处

苏州园林里，出道时间最久、资历最深、造园最不按常理出牌的，要数沧浪亭了。沧浪亭这座始建于北宋的园子，名字起得就比别的园林要浪一些。它是苏州现存诸园中，年纪最大的园子。除了著名的复廊、翠竹、108 式花窗之外，最让人心动的，还是沧浪亭上那两句撩人的对联："清风明月本无价，近水远山皆有情。"说者有意，听者有心。

复廊，在我心里是沧浪亭中最为精彩的部分。中间一道花墙，内外两道长廊，一廊在园，一廊在水，每次去，我都会踱上好几个来回方才罢休，最后再登顶沧浪亭鸟瞰复廊之全景。写到这里，大家可能发现了，我对于园子的玩法，都是先徜徉其中，再环顾其外，最后登高鸟瞰其全貌，360 度无死角地观摩，体验。（这套路跟项目设计前期的相地是不是很像呢？）

不知道为什么沧浪亭的人气总是不高，无论什么时候去，人都少得可怜。十分想不明白，每一个咖啡馆都聒噪得一塌糊涂，人们高谈阔论旁若无人犹如置身于菜市场般地谈事儿，而为什么作为世界文化遗产的沧浪亭，一座三面环水的园子，如此风水宝地之处，却总是人迹寥寥？其实大家真的可以把想见的人约到这里来，谈谈情，说说爱，愿君心似我心，定不负相思意嘛。

沧浪亭小贴士

● 沧浪亭里有一个很考验身材的葫芦门，姑娘们不妨一试。

● 园外三面环水，临水驻足，记得静坐一会儿。

［网师园］之：夜会彩霞前

网师园每年的 4 月 1 日至 10 月 31 日，都会启动夜游，是目前苏州唯一的一座可以"夜会"的园子。相比往年，新增加了杜丽娘柳梦梅游园惊梦的桥段。从前一直不解，杜小姐为何做了个春梦就会为情而死。此刻，忽然懂了点儿，情不知所起，一往而深，这样的园子，梦见谁，都得爱它个天翻地覆悱恻缠绵吧？

网师园的中部，环绕着彩霞池，主人巧妙地设计了春夏秋冬四季赏景处。

竹外一枝轩，春。（临水小建筑，春看柳枝摇曳浮水面。）

濯缨水阁，夏。（高架于水上，夏日观鱼凉爽极了。）

小山丛桂轩，秋。（轩南有太湖石庭院山，秋日里桂花飘香。）

看松读画轩，冬。（任凭它严冬万木凋零，面前有松柏四季常青。）

网师园中我最中意的地方：月到风来亭。出自宋人邵雍的那句："月到天心处，风来水面时。"听着昆曲，夜风习习，明月映照在彩霞池的中央，这场景，香艳极了。怪不得旧时书生总是幻想在月黑风高之夜，有女鬼或鸡精、鸭精、狐狸精幻化作人形跳出来以身相许，如今附上网师园中这般暧昧的夜色，真是应景也应心。

彩霞池畔，那株海棠花盛放依旧，我像是看望一位老朋友一样端详着它，含情脉脉，原来，你还在这里，一年过去了，这位兄台发育得还是那么好。

网师园小贴士

- 日场开放时间：07:30-17:30。
- 夜场开放时间：19:30-22:00。（建议错峰，21:00左右再进园。）
- 夜场门票100元，有8个苏州传统小节目指引你在夜色中游园，很是值得。

［退思园］之：惊得良园梦

退思园，是这一程最意外的发现。园主任兰生落职回乡，十万两雪花银，退而思过。由衷地感谢历朝历代那一个个官场失意的老兄，正因为有了他们，前赴后继，一意孤行地造园！造园！才让我们有了这么多园子可以流连，忘返。

藏匿在同里的退思园最好地诠释了"移步易景"四字的精妙，琴台，退思草堂，闹红一舸，眠云亭……每一座邻水建筑的角度都堪称完美。推开菰雨生凉轩的小窗望向退思草堂，刹那间豁然开朗，我竟然体验到了园林中也有视觉冲击带来的爆发力；一株朴树斜插水面，破了整个水景庭院的规矩与方圆，实在太精彩了……

退思园：十万两雪花银，退而思过

退思园小贴士

● 退思园这座世界文化遗产，不在苏州市区，位于同里，酒香不怕巷子深。

● 一个文官退守江南，达则兼济天下，穷则独善其身，由衷地敬佩。

[尾声] 之：游戏在人间

情到浓时，不忍收笔，两次用大量的文字笔墨玩味苏州园林，仍是皮毛上的舞蹈，内心的感怀与所见，竟然词穷到仅表达出万一。想起在苏州美术馆参观贝聿铭文献展时，那般激动万分，展厅里贝先生的所有存留影像，都是谈笑风生。什么是贵族？贵族就是一个每次下工地都会系上领带的老爷爷。所有的建筑师都羡慕他，他几乎实现了作为建筑师在一线实践的全部理想。他爱鸡头米，他来自苏州。

我看青山多妩媚

　　香港四大才子之金庸与黄霑一文一武叱咤香港文坛，以笔执剑书写江湖恩怨。武侠情结对我影响最深的便是"人外有人，山外有山"八字箴言。在武侠小说里，山，总是因为与传奇人物命运的反复纠葛而平添了许多奇幻的色彩：郭襄小姐四十岁削发为尼终身不嫁，创立峨眉派后出现各种神奇师太的峨眉山，以剑术出奇制胜、以险绝誉满江湖却出了岳不群这朵奇葩的华山，仅逊于少林立为武林第二大门派并拥有多情武当七侠的武当山……是的，金庸笔下几乎所有的名门正派都来自于名山大川。

　　我以为，我永远不会离开城市，我肆意地享受着城市的繁华带给我的一切。二十几岁时，我会花上大半个月的薪水买一件自己喜欢的东西，我的衣柜里，尘封着大大小小的橙色盒子，也许这是每个女孩子都要经历的一个过程。而今，我早已不再流连过往的奢侈，我只想看看金庸笔下的山林与红尘，只想听一听黄霑的沧海一声笑。

从未想过自己竟会爱上行山。八月盛夏，冒着 36 度的高温，追寻自古驴友第一人徐霞客先生的足迹，走了两座山：武夷和雁荡。这两座地理纬度相近的山脉，却呈现出了不一样的江湖胜景。

武夷山是以水著称的，那缠绕在群山之间的九曲溪，宛若丝带系在绿树群峰的妩媚腰间。这里有许多条行山步道，我最喜欢的，一条是沿着九曲溪蜿蜒而行的"岸上九曲"，另一条是从大红袍至水帘洞的"岩骨花香"。

每条长度约五公里的步行，让我体会到了与爬山登顶不同的乐趣。"岸上九曲"，有一座"观曲亭"又名"寿亭"，酷热的天气里，亭内却凉风习习，卧于亭中，望九曲溪水川流而过，尽享古人之乐。沿岸，又是漫山遍野的茶田，我想，徐霞客先生当年也就是这般自在吧？"岩骨花香"又是另一番景象，悬棺、古涯居，神秘而美丽，你会沿路遇到许多耳熟能详的红茶产地，如流香涧、马头岩，不同的名字孕育出了不同口感或软或硬的茶香。

而雁荡，则更是真真切切的侠骨柔肠。一卷风云琅琊榜，俯首江左有梅郎，雁荡好风光。沿山边出挑的绝壁，攀爬至灵岩的高处，俯瞰绝情之谷，万丈红尘，郁郁葱葱，尽收眼底。瞬间领悟，我们行山，费的是体力，

但翻越的，原来是那滚滚红尘。

在雁荡山的梅岭西麓有座观音洞，建筑与场地完美诠释了佛门的"隐秘"和"神圣"。合掌峰的掌心，缝隙之间有一天然洞穴，洞穴内九层建筑，竖向层层收紧，一步一步地攀爬，从山穷水尽至柳暗花明。早年邓拓先生有诗云："两峰合掌即仙乡，九叠危楼洞里藏。"好一个"九叠危楼"，建筑与大自然的灵魂在此合二为一，雕琢成眼前的鬼斧神工。

至冬日，南方骤然寒冷，行至九江市湖口县。湖口有一座小山，海拔仅有 61.8 米，但这座小山，却被万千文人墨客所青睐。小山处于鄱阳湖与长江的交界之处，昼夜水石相搏，东坡先生南下，从齐安坐船到临汝，夜泊此处，写下传世之作《石钟山记》。《石钟山记》其本质是一篇考察性游记，东坡先生当年以锲而不舍的钻研精神，亲身实践职业打假，研究探索出了石钟山的真实声学原理，并在文章末尾挪揄了郦道元、李渤二位前辈一番。仔细想来，东坡先生真是个文墨可爱之人，研究完小山的奥秘，还不忘顺便告诉后人，凡事都得亲自来瞧一瞧看一看，道听途说的，大多不靠谱。

我这一瞧，果然没有负了东坡先生对石钟山的一腔热情，听觉与视觉迅速沉醉于波澜壮阔与声如洪钟之中。立于山顶风口，北风呼啸。我望向远方，见长江与鄱阳湖于天际线之处交汇博弈，水域颜色不同，界限清晰，鄱阳湖清澈而深沉，长江浑厚而混浊，两股洪流激荡于此，石钟山就这样立于如此澎湃的十字路口，怎么可能低调得起来呢？正如东坡先生所言："噌吰者，周景王之无射也；窾坎镗鞳者，魏庄子之歌钟也。"原来东坡先生没有骗人。

名山有名山的妙，小丘亦有小丘的好。

曾于微雨袭来之时行至一座小丘的半山腰，一座破旧但简单修缮过的小寺旖旎其中。我走上前去，寺庙用条石抵做梁柱，再用红砖叠砌而上来抬梁，更有趣的是，庙堂中的封闭空间只占了屋檐下的三分之二，另三分之一赤裸裸地暴露其结构从而粗犷地支撑着悬挑的屋檐。小寺门前有一张纯塑料座椅（看门大爷纳凉专用），我趁大爷不在，任性地倚坐其中各种自在。

我至今还未领略过人们耳熟能详的五岳之壮阔，而这些走过的青山与小丘，已然使我深切地感受到了眼前的浩瀚、肉体的疲惫和内心的丰盈。行山，在步行与攀爬中，让灵魂与自然得以交融，而那些或远或近的传说，又让我们与古人同频共振。这对于常年久坐于电脑前的我，是真正的诗和远方。

一顶遮阳帽，一身柔软的衣衫，一双舒适的鞋，以身体的原始动力，让自己可以在不同的竖向标高上行进，每抵达一个平台，就有一番动人的风景等待着自己，蔚为壮观。

仰望，攀爬，山峦如画；

回身俯瞰，绿荫叠丛。

容颜易老，天若有情。

笑看世间奇情，比比皆是幻境。

正如金庸大侠在《神雕侠侣》中写道："你瞧这些白云聚了又聚，散了又散，人生离合，亦复如斯。"

你完全可以毫不避讳地喜欢着大俗，能让你发自内心开心地笑，变得越来越珍贵。
腔调有时候像性冷淡的白色顶棚，而更多的时候，我们需要的是一床小碎花棉被。

罗小姐小事记·四

当你第一次与某人见面就觉得浑身不自在，哪儿哪儿都不对的时候，不要灰心，人不能只看表面，时间会让你更全面地了解他一点儿……因为在未来的深入接触中，你就会慢慢发觉：他只会越来越令人讨厌！（要相信第一次见面时的直觉。）

发生一件奇事。小区楼下的集中垃圾收集点，堆了至少50双男款运动鞋，几乎都九成新以上，其中不乏限量版纪念款。我觉得小区里一定有个女生正在做"断舍离"，并且是把这些鞋子连同男人一并扔了出去。

影子真是个好东西，每次看到自己的影子，总是觉得自己瘦瘦的，并且腿长三米。

○ 银行办理公积金业务的柜员唇色真的是少有的好看，经过激烈的思想斗争，并在我悉心观察半小时之后，终于还是问出口：姑娘，公积金的色号是？

○ 每个小区的底商，总是有那么几家店面特别不低调，十分有性格。夜深人静人头攒动，晚上十点半了依旧灯火通明（设计院都没这么忙）。入口处，整整一面墙的最新版城市地图扑面而来，附带各种区位图、道路交通图……乍一看以为进了规划部门呢，仔细一看，XX 房产。

○ 非常努力地、有意识地去减少衣橱里的黑色，但费了半天劲，只能耿直地默默承认：黑色还是最好看，翻手为云，覆手为雨，不可取代。真应了永和叔的那句：让我们团结起来，穿得黑乎乎的！

○ 周末的朋友圈里荡漾着各种社交活动，从天南到地北。这不，刚点开一个聚会的照片，一个姑娘背对着镜头，大深 V，她的整个后背竟然文了一个应县木塔！这可是应县木塔啊！真的太酷了！（看来，是时候考虑佛光寺大殿的文身题材了！）

○ 为富不仁，这个词也许是旧时代的衍生物。回想起我遇见的寥寥富人，几乎无一例外的谦逊、礼貌、温暖、宽容，但又时刻警惕地和对方保持着安全的距离。

◈ 不管你是谁，群发的我不回，祝福这种东西，只有当一对一的时候，才有意义。

◈ 奥运会女子举重分为 7 个重量级：48 公斤级、53 公斤级、58 公斤级、63 公斤级、69 公斤级、75 公斤级、75 公斤以上级……我默默地上了秤，倒吸一口凉气。脑补了一下，如果我再胖下去，我的参赛项目将会调整至下一个级别。

◈ 有些人当手机里还有 70% 的电量时，抑或油表显示低于 200 公里的时候，都会感到不安。比如我。这也许就是传说中的焦虑吧。

◈ 其实，一个人的境遇，很容易从他的面相中看得出。一个沉浸在幸福和爱里的灵魂，他的眉头都是舒展的。他友善，善待自己，也善待他人。"相由心生"这四个字，确是真理。不做违心之事，不做刻薄之人。

◈ 医院里一个大爷，头发全白，看年纪至少有八十了吧，身边俩老太太陪着看病。大爷往那儿一坐，拿出一部最新款式的华为手机，眼睛根本不花，唰唰地刷朋友圈，里面还有一堆评论和点赞的。不一会儿，大爷手机响了，铃声是梅艳芳的《女人花》。（真是个有故事的大爷。）

◈ 突然想起一件事，我有一个关系特别好的女同学，她从前暗恋一个男生。那时候她有一个本子，上面记录了跟那个男生互相发的每一条信息。现在，她俩的孩子都已经两岁了，可以说有志者事竟成啦。

○ 从前，特别羡慕圈内一对儿神仙眷侣，我问男主角："这么多年来，你们是如何保持爱情的恒温恒湿的？"他回答了12字箴言："互相欣赏，互相尊重，互相理解，互相宽容。"……五年之后，他们离婚了。

○ 沿着江边散步，一个女孩子倚着栏杆，边看手机边莞尔，她舍不得抬头，手机屏幕在夜色中照亮了她的脸。这笑容太熟悉了……谁都是这样笑着笑着就长大了，笑着笑着就走过了春天。

○ 觅食，发现一个姑娘蹲在我的车旁，一边打电话一边失声痛哭，不是默默流泪的那种，是痛哭！我一时不知所措，只是暗自心想：我若是霸道总裁，一定一把拉住姑娘带她去好吃好喝，坐旋转木马花天酒地。万丈红尘摸爬滚打过，我懂得那种痛哭的无助与难过。

○ 楼下有个顺丰快递服务点，每天几十个顺丰小哥出来进去，早晨还开早会被主管训话。今天出门早了点，让我发现一秘密：在楼下停车场，我眼见着这些顺丰小哥从各式的私家轿车里钻出来，骑上电动坐骑——上岗。才恍然大悟，敢情人家的坐骑原本不是电动车，每个人活脱都是穿着制服送快递的小中产。

○ 朋友圈三个别人的男朋友正在努力剥螃蟹给女朋友吃，于是引发讨论：

螃蟹如果要别人剥，那吃螃蟹的乐趣在哪里？这次我是站正方的，螃蟹这么结构复杂的生物，处理它，请留给男士。再说一条更气人的，如果对面坐的是心上人，我连牛排都不会自己切的。（一个能换桶装水的女子，关键时刻手无缚鸡之力。）因为，我不要你为我杀敌一万，占山插旗，我只要你片刻的宠溺……

● 去某酒店上洗手间，进了酒店大堂之后，发现有一个接待台，背景墙上赫然写着"第N届全国武术大赛暨××武术论坛"。然后我环顾四周，看大堂里的每一个人都像深藏不露的一代宗师。瞬间有种围攻光明顶的错觉，江湖恩怨一触即发。

● 跟小sa一起吃饭，她比我小一岁，我俩聊起男欢女爱之事，她边嚼着牛排边举着叉子跟我感叹："你知道吗？现在的姑娘有多疯狂啊？"我由于长期与欢场脱节，一脸惊诧："到底有多疯狂啊？！"

● 微凉的状态，可以保持清醒的头脑。脑子一热这种事，还是要尽量避免。

● 换床单、洗被套、房间大扫除，颇有一场辞旧迎新的仪式感。要做一个酷爱做家务的人，你可能无法想象整理东西、清洁东西以及扔东西这三件事对心理的慰藉。它能带给人一种错觉，完全就像换了一个新的人生，涅槃重生。

● 芍药，几乎是我遇到过最难养育的鲜花，需要每日剪根、换水、晒太阳、听音乐、陪伴，甚至要说些甜言蜜语来好生伺候着……难怪自古以来，芍药代表着爱情。谁都艳羡它盛放后的美艳，但守着个花苞，却需要经历漫长的等待。鉴于我的芍药一直不开花，于是，我今天用手帮它开花了！（爱情这种事，一万年太久，要只争朝夕。）

● "Bralette"的发明，简直就是人类之光！

第五幕

鸿雁有来书

有一天，你写了一封信给我，

告诉我你一路上的烽烟与战火，

经历过的起承与转合，

沿途开满了玫瑰色的花朵，

芬芳，无际，旖旎，执着。

把自己的人生，当作一部电影。每一天，都要像女主角一样，勇敢地生活着。

我们曾经都是迷茫的宠儿

有一个读大三的女生，发私信给我，告诉我她很迷茫。她很喜欢建筑学这个专业，但读到了大三，还是时常觉得脑子和心都非常空，感觉自己什么也没学会，什么也没掌握，专业课的日常作业完成得也不如同学的好，老师也不太看好她，觉得自己是班级里一个可有可无的人。她怀疑自己选错了人生的方向，她不知道自己未来的路该怎么走。

有一个毕业四年的男孩，发私信给我，告诉我他很迷茫。他今年快 30 岁了，还没有自己的房子，目前租住在离单位距离最近的老旧小区，朝九晚十一，日复一日地工作，加班。他没有女朋友，他每天都这样没日没夜地画图，但这些项目就像那些流水线上的作业，每个零件都差不多。一个设计任务来了，有固定的模式与套路，小团队里几个人一起，大家分头开动，仿佛画图成了车间里"走量"的工作。他怀疑自己选错了人生的方向，他不知道未来的路该怎么走。

有一个工作十年的女建筑师，发私信给我，她是两个孩子的妈妈。她说她工作十年就干了两件事：画施工图和生孩子。她陷入丧偶式的婚姻，即使有老人帮忙，孩子与家庭仍旧占用了她几乎 60% 的精力，马上要步入中年，她也想像其他同学那样拥有自己的事业，在设计院带小团队，在地产做小中层，但看着身边两个年幼的孩子，她没办法义无反顾地选择做自己。她怀疑自己选错了人生的方向，她不知道未来的路该怎么走。

这些年来，我听到最多的一个词，即是：迷茫。从前人们认为"迷茫"二字实属无病呻吟，是日子过舒坦了，吃得饱了穿得暖了的人，才有资格提及的迷茫。但现实生活中的我们，内心却常常被这些细碎却汹涌的迷茫所淹没，无处可逃。

我这样做值得吗？

这是不是我人生的转折点？

我应该相信他的承诺吗？

我到底应该选 A 还是选 B？

质疑、迷茫，让我们放慢了前行的脚步。我也曾经迷茫过，在漫漫长夜，仰望着天花板质疑着呐喊着，内心中一万个小我在自问"世间是否此山最高"，并用尽全力挖掘人生的意义。人在被逼到墙角的时候，往往不是选择蹲在暗处独自哭泣，事实是，大多数的人会本能地在这个时候，置之死地而后生。

大五那年，找工作投简历，几乎都石沉大海。现实是残酷的，在北京，像我这样的姑娘真的太多太多了，三非人群（非京籍、非硕士、非男生），但那时候心真大，毫无挫折感，完全不在乎，真是迷之自信啊。这些年来，迷茫？根本还来不及迷茫，就立刻投入到了一个又一个的项目当中。其实我们完全不需要使自己陷入迷茫，时间，真的只有时间……时间能让不可能变成可能，时间能让小白兔变成大白兔。

在遇到困难的时候，有一种最简单粗暴的方法，即是：迎难而上。你害怕一项工作，越是害怕，越是拖延，到头来，任务还是自己的，该做还得做；你害怕见一个人，日子已经定下了，躲也躲不掉，这一次会面再艰难，也要谈，该见的终归是要见；你害怕一个项目的时间节点，时光流转，日子一天天在逼近，干等不是办法，必须身体力行，去攻克它。

三个字：就是干！

面对迷茫与困境，当完全不知道从何处下手的时候，我们可以选择一个最容易的切入点，一步步去完成它，实现它。光是等，等不出柳暗花明；

只是观望和迷茫，完全是浪费时间。我们生来都不是智者，无法冷静而智慧地判断出这个选择是不是正确，也不会一下子辨别得出要走的这条路到底是不是正确而笔直的路。唯有放下包袱动身前行，才知道远方是真的柿子林，还是海市蜃楼。

我们往往陷入的误区不是埋着头工作的时候忘记抬头看看前方的路，而是根本没有给自己埋着头的机会，而一直在遥望想象着前方的路到底是怎样的扑朔迷离。

三年级的女生，建筑学是一个漫长的甚至需要用一生的时间来学习的一门学科。遇到任何一个瓶颈，首先要做的，不是怀疑自己。这个世界上，没有人会永远给你鼓励，唯有你自己，既然挚爱她，便要信任自己，既然选择了远方，就要风雨兼程。

在"车间"工作的男生，如果发现目前的平台受困，那就果断地放弃旧平台，寻找新平台，看看，是平台的问题还是自身的问题。如果换一方水土，自己就可以绽放，那就不要在旧爱那里浪费青春时光。但是人生中每个阶段的经历，都不是无用的积累，"车间"的这段时光，也许是人生中一段宝贵的财富，它虽然困苦，但一定能教会你些什么。

女建筑师妈妈，你是否真正想成为理想中的自己呢？事业与家庭，此事古难全。我有个"敦漂"的发小儿，她的孩子在几个月的时候，就被她"安置"在了托儿机构，她每天早上送走孩子，坐一个多小时的火车从郊区小镇到伦敦市中心，晚上加班回来，再接回自己的孩子。她的父母远在万里之外，她依靠不了任何亲人，她从来不曾放弃过自己，她说：我要像个娘们儿一样在日不落的城市跟那些爷们儿竞争。在那一刻，她的眼神里闪耀着光。

想到什么，就立刻去行动吧！
真的，我们没有时间用来迷茫。

不知名的演员到底
有没有观众

一个小朋友告诉我，他一直有一个困扰，他在人群中总是很自卑，不敢上台演讲，不敢跟老师汇报自己的方案，如果组成设计小组，即使 PPT 以及整个思路脉络都是自己理的，也都是怂恿着他人上台汇报，自己完全不敢去表达。他很懊恼，但又无计可施。

其实在我的身边，有一些朋友也有类似的经历，有的反映在工作上，有的反映在花式情感问题上。

比如，我和 A 都同时认识甲方老板 B，A 想问 B 的公司有没有在招人，他有意跳槽，于是 A 托我问 B。其实像这种情况，我都会建议 A 直接去问 B，很多事情经过了二手"中介",也许得到的答案就不一样了,幸好我是好人。

再比如,我们东方人嘛,喜欢和爱都搞得太含蓄,你看看苏州的园子有多么迂回转折就明白了,古人更是借景借物借鸡借狗来表达自己的爱意和仰慕。C暗恋D很久了,他托我以各种明喻暗喻引喻借喻的方式了解D有没有一丝丝"君心似我心"。我当时就告诉C,你一个大男人,喜欢一个姑娘,为什么都不敢告诉她呀!C说:如果直接表白了,万一失败了岂不是连朋友都没得做?我揶揄他,你前怕后怕,患得患失,说明你不够喜欢。

一直觉得自己虽然非常喜欢写字,但本质上还是一个不善言辞的人。有时候想,连我这样言语木讷的人都能去汇报项目了,那么其他人也一定可以!从生疏到渐渐找到一些门道,需要一个漫长的过程,也得益于一些真实场景的历练与积累。对于那些不善言辞的我们,勇敢地开口,真的不是一件很容易的事。

回想我第一次正式独立汇报项目,是在28岁那年。别看都已经年近30了,能有那次机会,还是因为项目主创临时来不了,由我去补位的。作为替补队员,真心紧张呀。于是那天早上,我五点半就起床了,站在阳台上,自己"嘚吧嘚"念叨了俩小时,便出发了。那场汇报我记忆犹新,坐标甲方主场,在座包括设计、营销、成本、工程、物业等各部门一共16个人在场,我自己"风萧萧兮易水寒"般扛着电脑单枪匹马地就去了。甲方老板,不苟言笑,屹立其中,一边吃着大果盘,一边拿着梳子梳头发,我当时就萌生了一种灰姑娘遇见后母的错觉。老板一整盘水果吃罢，我汇报结束，真好，那天汇报通过了。我想，可能是因为当天的水果比较美味吧？

替补队员当久了，渐渐就有机会成为首发。

赶鸭子上架磨炼了这些年，我也逐渐积累了一些关于表达的小方法：

首先，条理要清楚，动笔打草稿。 我的每一次正式的汇报，都是要动笔打草稿的。我有一个很笨的方法。刨去会议发言，但凡超过 5 分钟的演讲，我都会把要讲的内容提纲落在笔头上，罗列出一二三四五，每个大项的中心思想是什么，每个大项中要谈及哪几个子项。而对于特别重要的汇报，我甚至会把发言全文写下来，包括开场的"客套"话，生怕自己临场僵硬在那里，我只能用文字的后台储备来保证临场时的万无一失。

我开始以为，只有自己是这样的，但后来我发现，在我汇报的时候，很多甲方高层也是边听边记录，然后根据汇报的要点进行发问。原来提纲不仅仅是针对汇报者，倾听者也同样需要用提纲来进行思路的整理。

平时也接触了一些在我看来"口若悬河"的演讲家们，他们告诉我，他们也都会在演讲之前打稿，甚至有的也和我一样写下全文。陈丹青先生在回忆自己做文化综艺《局部》的时候，他和团队不仅仅会把十六期每期的内容提前规划完整，甚至在每幅画的背景之下，要讲些什么内容，都会一字一句写清楚，而临场时，是犹如"演员"一般，现场背词。原来每一次在外人看来"滔滔不绝直抒胸臆"的背后，都是默默地耕耘与积累。

其次，汇报前最好能走台。所谓走台，即是在真实场景中进行预演。比如，第二天要在甲方的会议室汇报项目。前一天晚上，我都会在我们的会议室连上电脑，把投影仪打开，会议室灯火通明，现场模拟实况，以真实的场景进行预演。过到哪张图片，要讲什么；讲到哪里，要停顿发出疑问……都会提前做好功课。这好比是临战前的一场重要的实战演习，对故事性的把握，对时间的控制，以及对环境的模拟，都会让自己更加胸有成竹。

第三，要尽量为自己创造公开演讲的机会。我们必须抓住仅有的、为数不多的汇报的机会。给予年轻人项目汇报的机会并不多，因为有些业主是非常看中前来汇报人员的级别的，如果老大不来，业主非常有可能觉得设计方对这个项目的重视程度不够。我们大老板都出来坐镇了，你们怎么就派来这么个小丫头呀？我们需要时刻准备着，等待机会，因为一个项目从概念方案阶段到后期的施工配合，至少要开大大小小上百个会议，总有一个会议，是属于你的舞台。

除了工作之外，其他场合公开演讲的机会也很珍贵。我们平时最多的时间是在沉默地画图，有的时候忙起来画到人机合一之际，自己甚至一整天都不会与人说上一句话，但是你越是不愿意去碰触的事情，越是需要努力去克服它。

我的第一次新书分享会是在苏州的钟书阁，那天由于受到台风的影响，大雨滂沱，很多读者都是专程从上海坐高铁赶来见我一面，也有专程从南京赶来的朋友，大家的热情让我特别感动。其实那天是我第一次在公开场合讲我的书，第一次真的很生涩，除了项目汇报，我没做过超过 20 分钟的演讲与分享，那天分享时间大约半小时，然后就是与读者热情地互动，其实，是亲爱的读者们救了我，让我的生涩显得不那么明显。

第二次在中央美术学院的分享时长是 40 分钟，由于杨洲老师的倾力站台，缓解了我许多的紧张。杨洲老师是非常有经验的演讲者（毕竟吃过的盐比我走过的路还多），他会控制整场演讲中的进度和节奏，承前启后，把偶尔跑偏的话题再拽回来。那一次，我比第一次在钟书阁时发挥得更好一些，有良师指点，再有不断地尝试，我清楚地感觉到了自己的进步。

而在东南大学的那一场，对我来说，是个很大的挑战，因为特定的时长，要讲满两节专业课（1 小时 40 分钟），我从来没有独自讲过那么久。我在课下准备得很认真，因为是下午的课，非常怕同学们听着听着就睡着了，我当过学生的，我懂得。经历过这 100 分钟，我想我已经不再发怵面对人海茫茫。表达，是一个需要不断积累的过程，越过了小山，再徒步高原，就积蓄了翻越大山的力量。

别怕，从第一次开口做起，不知名的演员总有一天会有观众。

面试那些事儿

一个小朋友问，面试时到底要注意些什么呀？为什么自己总是在面试这轮被刷了下来？摸不着头脑。面试前要做哪些准备呢？面试当场遇到棘手的问题又该如何应对？

我自己经历过许多面试，面试别人，也被别人面试过。经验什么的，谈不上，但教训还是有一些的。很多年之后，这些教训在我看来，慢慢变成了有趣的人生经历。虽然当时有些窘迫，而今还是可以当作故事娓娓道来。

在我工作第三年的时候，正值房地产的浪潮冲刺至顶点，那是一个全天下房地产公司都在地毯式撒网招兵买马的癫狂时刻。而在设计公司工作过一段时间的我，心中自然也蠢蠢欲动，跃跃欲试，投了几家地产公司，想去试一试。

在各大地产公司中，最容易过的就是一面了，但真正有意思的，是后来的二三四五面，一步一步，步步惊心。

某家地产公司，二面的时候，面试我的是设计部经理，他并没有让我介绍我自己，而是反复对我强调，我们接下来的工作性质是"5+2"，我问他，什么叫"5+2"？他说，每周工作日工作五天，周末不出意外的话，也是要工作的。他非常诚恳地向我介绍了我应聘的这个岗位的工作性质，以及相关的工作内容。一直在设计公司的我，对于"5+2"并没有什么明显地抵触，我始终相信，努力和付出终会有回报，以勤恳换业绩，这种思路原则上没有问题。设计部经理看我这么上道儿，对我非常满意，通过了他这关，我便进入了终面（终极面试）。

终面的场景，记忆犹新，我被请进了一间非常大的办公室，坐在中央的是一枚中年男子，大约四十来岁，面露凶相，一看，便知道是个狠角色，旁边，有一个斯斯文文戴着眼镜的中年男子负责记录。我心想，这二人看似年纪差别不大，但气场却相差好多。

凶相男子，简单直接，拿出一张纸，问我，画过住宅吗？我说，画过一些。他马上追问我，在现有规范限制下，若想把住宅核心筒公摊做到最小，有哪几种形式，你默画出来。我当场傻眼，心里打鼓，我一直以来故步自封木讷地画图，哪里研究过什么住宅的最小公摊呀，这回我要歇菜了。但我还是硬着头皮比画了几种。接下来，他马上抛过来第二个问题。如果有一块地，容积率是4.7，应该怎么做？做几层？

当时，作为一直画施工图的小罗同学，哪里排过什么总图？哪里知道一块容积率4.7的用地到底意味着什么？应该怎么做？我沉默了……

结果很显然，我失败了。不怪别的，只怪自己学艺不精，还有好多东西，没有好好钻研过。在地产公司，强排是基本功，我连总图都没画过，连容积率4.7都不知道是什么概念，也没有对接服务任何一家地产公司的设计经验，这样的面试结局，很正常。我决定不再继续面试其他地产公司，回到岗位继续修炼，好好画图。

事情本来就应该这样过去了，但是命运的车轮并没有停止转动。

若干年后的某一天，我接到了猎头公司的电话，虽然工作以来，猎头的电话时而也会打过来，我通常也会礼貌地委婉拒绝，但这一次不一样，这次猎头提到的公司，是几年前我跌倒过的地方。哪里跌倒，就要在哪里爬起来！鬼使神差，我决定，我要再去看看，这是一场非常好的实验，是检验自己几年来成长多少的好机会，我要看看小罗同学，经过这些年艰苦卓绝的历练之后，到底有没有变成大罗同学。

很诧异，这家地产公司里所有的人，几乎已换血，多年前让我"栽倒"的凶相男子，也早已不知了去向。我顺利地通过了二三四面，在第五面时，我又遇到了一个同样奇异的男子，他并没有和我聊任何专业性的事务，而是向我提了两个问题：

1. 你有什么爱好吗？

2. 你会不会做饭？

我怔了几秒钟，心想着，真是白云苍狗，地产公司的面试套路也变了嘛。翌日，人力通知我，我被录用了，而彼时，我已有了明确的职业方向。

其实，当你的经验与能力得到一定积累的时候，已经不再是职位选择你，而是你占据主动的位置去选择你自己想要的生活。

我们在一个陌生的环境中与面试官狭路相逢，除了自身素质与积累下的工作经验之外，也需要针对性地做一些前期准备。

首先，我们要清楚，我们为什么要选择这个新的工作，我们应该对所面试的职位，以及未来所从事与承担的工作，有最大限度的了解。我是谁？我未来将要在这里做些什么？自己首先要确认，这个工作是一直以来你想要追求的所谓事业，还是仅仅是因为高薪的刺激让你偶尔动了凡心？

第二，选定目标岗位之后，对该岗位要有一个全方位的认识。这是一家什么公司？主要追求的核心理念是什么？这个公司在业内已经做出过哪些业绩？已经完成、正在完成，以及将要完成哪些项目？我第一次面试中容积率 4.7 的那道面试题，其实就是这家公司当时刚拍下的一块地，在城市中心密集区，高密度、高容积率，并且航空限高等诸多限制条件之下，要开展的项目。如果当时我事先做了功课，也不至于哑口无言。知己知彼，不说百战不殆，至少临场不乱。

第三，对于自己不熟悉的领域，以及难以准确回答的问题，是需要掌握一些面试技巧的。你不能直接告诉对方：这个不熟悉！这个不懂！这个不知道！也不能迎难而上，随便瞎编，这样会立刻暴露自己的短板。我们可以围绕这个话题，展开来谈，不是简单地回答问题，而是针对你对这个问题中某一个相对熟悉的小细节，与面试官进行讨论与交流。记得，你与他，是平等的，没有人能海纳百川面对十万个为什么脸不红心不跳地对答如流，谁都不是行走的百科全书，你要利用你所熟知的领域作为突破口展现出你专业的一面，而不是被一个问题接着一个怼得哑口无言。

第四，要镇定。你要相信，面试时，大多数问题是有重复性的，几乎每一个面试者都会被要求回答相同的问题。这个时候，便是在众多竞争者中展现你心理素质的时候了。因为在日后的实际工作中，应对并处理复杂的疑难问题，会成为你的常态。面试时就慌慌张张，实在不可取，一个企业需要有能力，且能在困境面前镇定自若来解决问题的人。

　　我的一个甲方就以心理素质好著称，我问他，你的时间节点被上司逼得这么紧，一般人早就抑郁了，你怎么还能乐观上班、快乐健身呢？他笑了笑，反问我：你相过亲吗？我可是相过六十多回亲的人，一星期一个局，国庆七天，天天有局。我什么样的事儿都见过，什么样的人也都见过，上司给我施的压，跟我妈比起来，小儿科啦⋯⋯

角色扮演与有效分配时间

一次小范围的交流会中，一个与我一般大的女生问了我一个问题：在当今的建筑行业，女性要如何兼顾事业与家庭？我经常收到女孩子们围绕着"事业与家庭"这个议题的相关提问，有时候是在线上，有时候是在线下分享会的读者交流阶段。女建筑师们普遍反映，步入婚姻之后，自己的战斗力明显不足，时间与精力被牵扯太多，以至于做不好一个建筑师，也做不好一个妈妈。

三八节那天，一个姑娘给我留言，说在面试的时候被问到的第一个问题是："作为女建筑师，你觉得你比男性有什么优势？"姑娘回答："虽然体力上不如男性，但智力上有优势。"（哈哈，耿直！）我好想告诉这个姑娘，下回被问到这种问题，可以直接告诉对方：建筑师不分男女！只分强弱！在动物世界里，能抓到羚羊的狮子就是好狮子！

现代女性在职场的平权运动中，付出过巨大的隐忍和努力。《东京女子图鉴》中的 GUCCI 女上司有段非常振奋人心的台词："1985 年日本制定了男女雇佣机会均等法，在这之前女性从事的都是倒茶、影印等打杂的工作，受男人们的颐指气使，而只有男人才能一直晋升。现在的姑娘们连工作都做不好，说让加班就一副臭脸，你根本不知道，是我们这一代人，受了多少苦，才换来了今天的男女平等。"

我从来没有收到过任何一个男孩子对于角色扮演冲突带来的相关疑问。男性在这个问题上，很少徘徊犹豫，也很少挣扎于如何平衡事业与家庭的关系。甲方项目经理，因项目派驻南京，他拖家带口，老婆孩子全部奔赴南京陪伴他，全力支持他的事业；乙方项目负责人，带领项目组奋战到半夜三更，后方太太哄着两个孩子在家中安然入睡。他们在面对事业与家庭的问题上，更多地去优先选择了事业，同时也能赢得另一半给予自己最大的理解与支持。

多数的女性却没有那么潇洒，这个世界赋予女性的传统角色，或是对已婚女性的评分点，最大的天平倾向于，是否能照顾好家庭，安顿好老人，以及教育好孩子。以至于职场女性常会面临左右为难的境地，既想追逐梦想，又往往被世俗的琐事拖了后腿。

世界上很多事是无法两全的，这迫使着我们必须学会更合理而高效地分配与利用有限的时间。在有限的时间里，同时扮演女主角 A，以及女配角 BCDEF……

但有的时候，哪怕是把时间掰成八瓣用，依旧杯水车薪。这就需要我们做出更理性的判断，学会"取，舍"的能力。有得，有失，有取，有舍，才会更集中而高效地完成当下最需要履行的某个计划，此刻最迫切需要解决的某个问题。

而学会"取，舍"的关键，就是你自己的真实意愿。什么是你真正想要的？这是一道以主观意识为核心的选择题，而不是仅仅因为所长说，你这个图必须今夜要画完，你就要把办公室的板凳坐穿；也不是婆婆或丈夫说，这孩子你必须得全天带否则没人管，于是当了经济无法独立的全职太太。

我们要把有限的精力，投入到我们认为更能实现个人价值的地方去，并且有意义的地方去。这样，无论是你执着于工作，或是回归家庭，都会无愧你心。

我们要学会把问题分级：
哪些问题是一级问题（需要立刻马上解决），
哪些问题是二级问题（不需要马上解决但必须有进展，或维持住现状

稳步推进），

哪些问题是三级问题（可做可不做，可有亦可无）。

对于一级问题，值得我们暂时放下二三级问题而集中精力对待它；

对于二级问题，我们可以在解决好一级问题的前提之下，见缝插针地推进它；

而对于三级问题，那些可做可不做的事，可爱又爱不爱无所谓的人，就不要浪费我们的时间了。

最怕的一种情况是，想做 A 又想做 B，做着 C，心里又惦记着 D，吃锅望盆，这样就很容易让自己陷入困境，所有的问题排山倒海扑面而来，每件事都得不到及时而有效的处理与回应。

"分级"，其宗旨即是把时间花在重要的事上。我喜欢的女作家王潇以及水墨画家林曦都曾在不同时期的文字中，提到过把事情"分级"的类似方法。这是一种非常成熟的可抵御"焦头烂额"的方法。我们可以根据具体情况，把"分级"这件事个人化，细节化，将其应用成为处理日常事务的重要指导方针。

我曾经也经历过在工作中被排山倒海的事务压得喘不过气来的阶段，那时，有幸得到一位前辈指点，他指出是我的工作流程出了问题。假如一天的工作日程上一共有 12 件事，而且都是必须当天要解决的事，像这种情况，应该把这 12 件事分解，这种方法，类似于我上文提到的"分级"，但又有了新的延伸。

他告诉我，这 12 件事中，让我事先分清楚：哪些是需要我自己独立完成的；哪些是需要别人配合完成的；哪些是只要交代给别人，完全由他人解决完成的。开工的顺序应该是：首先，把需要他人独立完成的事最先转告给他们，让他人第一时间知晓他这一天需要完成的工作，并能按部就班地开动起来；其次，再把需要合作完成的工作，与合作者碰头协调，以便大家各司其职分头行动；最后，再用独立的时间专注于自己这一摊儿。这样可以有效地避免了这 12 件事全部积淤在自己手里，耽误了团队的宝贵时间。

特别锦囊：每天一小时

我们每天都在扮演生命中的诸多角色，一人分饰多角，有时候甚至影后一般地戴着脚镣在舞蹈。人，终究会疲惫的。无论我们是谁，又在做些什么，我们都应该争取在生命中的每一天，留一个小时的时间给我们自己。在这一个小时里，你不是职场上的女战士，不是谁的妈妈，不是谁的女儿、女友或妻子，你只是你自己。抑或你的工作只是单纯为了生计而奔波，那么，请你每天用这一个小时的时间，来做回你自己吧，做你真正想做的事。哪怕是读一本书，想念一个人，都会弥足珍贵。这是充电的时间，有了这一小时，无论你在白昼多么的慌乱与疲惫，翌日，你依旧会光彩照人地去迎接新的一天。

那些男孩教我们的事

在一个大雨滂沱的深夜，收到了一封来自大洋彼岸的来信，给我讲了一个好长好长的爱情故事。一时词穷，不知道从何回复起。《西游记》里，九九八十一难，唯有情劫最难渡。所有的妖怪都想吃了你，唯有她，是为了爱你。当唐僧先生骑着白马，回望女儿国国王的时候，心中纵使有千般不舍万般眷恋，但仍旧策马扬鞭奔赴了西天的方向。连唐僧先生都曾经挣扎徘徊过，何况是我们呢？在漫长的一生当中，怦然心动，走火入魔，情字难解，眷恋无边。

在感情的世界里，没有所谓的成功或失败，重要的是，在每一段深植内心的跌宕起伏中，我们都能有所领悟与收获，也不枉费我们曾经的夜不能寐，百转柔肠，幸福与心碎。

放弃依赖

A 是一个英文系的女生，她的男友是一个码农，就是那种非常理性地抱着一个键盘就可以指点江山的人。作为文科女生眼中的电脑天才，A 觉得她的未来终于不会再为了来自电子产品方面的困扰而闷闷不乐了。从此，电脑有人修，新款的数码相机有人教她用，就算这些都搞不定，至少以后家里的灯泡坏了，一定会有人帮忙换的吧？

天不遂人愿，A 想多了。她和码农男友在度过了"装蒜"磨合期之后，大家完全以本色的姿态迎来了平稳恋爱期。自此，无论 A 遇到任何困难向码农求救，都会被码农劈头盖脸先数落一顿，让 A 觉得自己仿佛是天底下最笨的女子。高兴的时候简单地教上两句，从来没有帮助 A 解决过什么实质性的问题。

终于有一天，A 心灰意冷，决定不再寻求这位"坏脾气"男友的帮忙，A 自己潜心研究外加认真取经，先后学会了修电脑、换硬盘、数码相机功能使用测评等准工科生存技能，并自告奋勇地为整层楼的女生宿舍当起了网管。A 看着日渐"十项全能"的自己，会心一笑，勇敢地告别了那个"坏脾气"的码农。A 在这段不长不短的恋情里，学会了放弃依赖。

事业精进

B 的男友是一位艺术家，就是那种能把自己关在屋子里一个星期，全神贯注地沉浸在自己世界里的男人。她爱男人的专注，爱男人的执着，爱男人在创作时散落在桌案上的那一袭长发和孜孜以求的背影。在她眼里，工作中的男人简直性感极了。

只是，男人对艺术的热情，貌似远远大于对她的爱。他们每次见面得先预约，男人在创作时，是不喜欢受到任何打扰的。用男人的话说，这叫燃烧！他需要燃烧！并反问她：你懂燃烧吗？ B 在心理默默地承受，小声念叨着：好吧！燃烧。终于有一天，等待与忍耐到了临界点，B 勇敢地放弃了她的艺术家男友，投入到自己的新生活去了。

前几年，偶然听到了 B 的消息。B 已然是投身各大艺术展览的常客，自己竟然也已经成为业内小有名气的青年女设计师。B 的设计作品，在市场上的价格已经与她曾经的艺术家男友齐头并进了。她，变成了另外的一个他。B 在这段情感的洗礼中，学会了"燃烧"，她终于领悟到，爱情诚可贵，但自己的事业同样需要精进。我的时间不会永远去迎合你的时间，在爱情的世界里，不能全然失去自我，你爱他认真努力朝着梦想全速前进的样子，也许这正是你所缺失的自己，也是你潜意识里理想的自己。

独立人格

C 是一个隐约自带讨好型人格的女孩。她自认为这回终于遭遇了有生以来最好的一场恋爱。男孩细心，周到，发微信秒回，给了她前所未有的安全感，从前那个在感情里时常患得患失找不到自己的她，在这段恋情里终于可以勇敢地表达自己的想法了，比如，小到两个人到什么餐厅吃饭，选择看哪一场电影，大到到底要不要换一份自己喜欢的工作，买一套什么样的小房子，林林总总男孩都会很乐意地与她商量着一起决定，非常民主且贴心。

她终于明白了，原来一段好的感情，竟然是这样：从不担心对方在哪里，因为他总是会与你分享他在做什么；也从不担心哪句话说错了会影响双方的感情，因为他们对彼此温柔且善待着对方。她可以独自做许多的决定，她的讨好型人格，神奇般地自愈了。

童话故事后来的发展，并不尽如人意，王子与公主并没有从此幸福地生活在一起，温暖的男孩最终离开了她，去温暖另外一个女孩了。而 C，却在经历了这段感情之后，看见了恋爱本来的模样，爱情与相处，不是一度地委曲求全迎合对方，而是在热恋里依旧拥有独立的人格，做真实的自己。

放弃依赖，事业精进，独立人格，ABC 的三段恋情，都是与自我意识觉醒有关的故事。看起来是恋爱，其实讲的是三个女孩通过恋爱而衍生出来的自我成长。女孩们在每一段恋情中，阵痛、推手、如胶似漆、无怨无悔……在各种雾里看花、水中望月的爱情当中，慢慢遇到了更好的自己。

怦然心动是一件容易的事，但难就难在，心动之后理性的回归。我是谁？我爱的他又应该是谁？

爱什么样的人，是很难界定成一个标准的。但好的爱情，我也许明白。

好的爱情是什么？它会激发出你性格中最美好的一面，让你快乐，自信，心中如有一个小太阳般，明媚。最好的爱情，并不仅仅是我喜欢与你在一起，而是当我们在一起时，我自己也同样映射出如此美好的模样，我爱极了那个因为你，而映照出来的自己。如此温柔、冷静、慢条斯理、情话连篇的自己。如果一个女生感叹，这恐怕是我谈过的最好的一场恋爱了……嗯，那么恭喜你，这并不常见，无论它或长或短，珍惜它，善待它，并好好享受它吧。

人们往往起初是被与自己不同的人所吸引，因为他身上衍生出自己完全没有的特质是如此新鲜、清沥、迷人，并向往与之共同相处的分分秒秒。而实际上，和自己性格相似的人在一起，才会发自内心地感到幸福。总是一个人在逗另一个人笑，表演胸口碎大石、亲吞大宝剑，身心疲惫。而棋逢对手的相处，才是金玉至宝。那些能让你笑的人，真的太珍贵了。

　　人与人的相遇真是造物者最好的安排：有的人在你的生命中出现一集就领盒饭了，有的坚持十集方才转身离去；有的人你拼命想抓住，却还是从指缝中溜走，有的人就静静地站在你身后，只要你一句话，不离不弃。有的人相识几十载，遇事则躲避；有的人萍水相逢，拔刀相助为你遮风挡雨。

　　所幸，还有你，与我结伴亲密。

一个关于建筑的梦想

收到一条私信，发信人应该是一个刚刚高考结束的小姑娘。小姑娘很喜欢建筑，而她喜欢的人的理想型女友不是建筑师，怕建筑师太忙。她很为难，现在需要她在爱情与建筑间做出选择……这是我听过的最好玩的选择题，好想直白地告诉这位姑娘：勇敢地去追求你爱的建筑吧！也许爱情会偶尔放弃你，但建筑，永远不会。

前几日，浏览了一篇文章《为什么不建议当下的工薪阶层子女去读建筑》，文章客观地从大历史的时间节点、建筑设计领域的特点以及传播学等角度，剖析了作为工薪阶层子女读建筑的种种弊端，并直指，作为建筑学专业，"阶层"二字，是很难逾越的鸿沟。这与高考前报志愿中那一派唱衰建筑学专业一吐到底的文章相比，理性了许多。文章中提到，作为毫无相关背景的建筑学毕业生，进入资源型公司（比如开发商）的发展优势远远大于设计型公司。

这让我联想到，身边也有过这样一个真实的案例：一个出身县城家境贫寒的建筑系女生，为了与她心爱的男生有情人终成眷属，不惜耗费全家财力物力债台高筑与魔都出生家境优越的男友一同留学西方攻读名校深造。毕业后，她并没有如众人所预期的那样与男孩成立"夫妻档"工作室，而是毅然选择了奔赴大型地产公司担任项目经理，与男孩分头发展。

十年过去了，男孩依旧坚守着自己的设计理想，经营着自己的创业型工作室，干得有声有色，几个房子的落成，让他在业内崭露头角。女孩也成为知名地产公司的设计部中层，他们偶尔还会在一起谈论建筑。女孩以自己的方式顺利地完成了所谓的"阶层"跨越，至少从那一刻起，如果说两性之间真的存在"门当户对"这一假说的话，女孩用了十年的时间，慢慢消解了这种从原生家庭带来的差异。

我们可以说女孩为了生计抛弃了自己的建筑理想吗？其实，并没有。她是以自己的方式，以自己认为正确的道路延续着自己的建筑梦想。一个建筑的完美落成，需要好的乙方建筑师和好的甲方建筑师，缺一不可。

我们都曾有过画图画到昏天黑地的时候，夜深人静，隐约开始怀疑人生，怀疑自己选择的道路是否背离了自己的初衷。不只你，连同你的甲方，也都曾经这么想。

将建筑进行到底是一个广泛意义上的话题，而不仅仅是一个建筑学专业毕业生，从业后是否成为甲方建筑师或是乙方建筑师的选择题。它是无论你身在何处，无论此刻做着什么，对建筑的热爱与初心从未改变的印迹。我们常常有身不由己的时刻，或者正在经历着人生中的晦暗时期，在那些举步维艰的日子里，你心底可曾有过一线曙光，那曙光是你曾经拥有的、饱含着的对建筑的爱。

又一个女孩私信我，她已经研二了，她想毕业后从事时尚杂志新媒体方面的工作，而她的导师是一个年近60岁的老先生，导师希望她继续做设计，在设计公司、设计院甚至当甲方都行，学了建筑学这么多年，最好能把建筑这条路坚持下去。她认为她的导师太保守，不与时俱进，她认为只有新媒体才是未来。

我问她，你热爱建筑吗？她说不清。我又换了一种方式，你热爱做设计吗？她的回答也模棱两可。后来，我没给她明确的建议，只是告诉她，做你想做的事，并把她坚持下去。

这不是个案，我们身边有不少人，读了五年、七年、十年……到头来，其实他并不确定自己到底热爱的是建筑，还是仅仅单纯地完成学业。毕业的那一刻，即是他与建筑说再见的时候。时间是魔杖，也许若干年之后，他才恍然发觉，建筑已经潜移默化地长在了他的身体里，无论彼时身在何方，他仍旧会时不时关注着行业内的风吹草动，并用自己的人生轨迹演绎着关于建筑学的基因带给他的别样人生。

建筑就像他的前女友，即便放手了，也还是会偶尔不自觉地默默关注她的近况：她现在过得好吗？会快乐吗？在夜深人静的时候怅然想起，如果当初选择建筑这个姑娘，自己的人生将会是怎样的呢？（理性开小差，现任请冷静。）

印度有两句非常有灵性的言语：

无论你遇见谁，他都是对的人；

无论发生什么事，那都是唯一会发生的事。

在时间的长河里，白云苍狗，我们曾经与建筑邂逅过一段缘分，会受用终生。建筑是心中那个对的人，建筑是此时唯一会发生的事，我们以各种形式，让自己与建筑的关系得以延续。

对于仍旧是一名职业建筑师的我们，这些年来，确实走过了一段漫长而艰难但却幸福的路。这犹如在寒夜孤灯之下，独自前行。一年又一年，曾经的伙伴渐渐远去，但又有新的伙伴，与我们一路同行。

我们大部分的时间还是要独自面对惊恐、彷徨、忐忑、懊悔和忧伤，我们将跨越一座又一座高山，在一望无尽的黑夜里穿越、跋涉来实现那一点点的念想。这是一个逐渐接近自我内心的历程，它是修行，虽艰难，却孤注一掷。

罗大佑在《海上花》中写道：
"是这般柔情的你，
给我一个梦想，
徜徉在起伏的波浪中盈盈的荡漾。"

荡漾，在你的臂弯。

你眼前所看到的一切游刃有余和毫不费力，背后，都是艰苦卓绝的努力。

罗小姐小事记·五

● 同事出差送标，为了追求离交标地点最近，我给他订了一间民宿。入住

全过程是这样的：

A. 加店主微信。

B. 选房型。

C. 付款。

D. 房主告知住客房间号。

E. 在公寓楼下指定信箱拿钥匙。

F. 退房在指定信箱还钥匙。

全程自助，整个过程，房东不露面，感觉特别像跟邦德接头，神秘极了。

- 周末，其实很想刚起床就给一个年轻同事打电话谈工作上的事，但转念一想，我像他这么大的时候，周六通常能一觉睡到中午 12 点，那就 12 点再打吧。

- 加班餐的时间跟小同事们说得有点儿多，谈建筑理想，旨在讲建筑师这个职业是心怀崇高理想工作前行。说完有一丝后悔，现在的孩子们也许已经完全不一样了，他们会不会觉得我是一个十分老土的人？都什么年月了还跟别人谈建筑理想？不过幸好，这些年来，建筑从未走下我心中的神坛，我每一天都心怀理想在努力工作着。

- 我问规划局的同志，为啥你们平时办公室都没人？他跟我讲，以前他们都在局里上班，后来办事群众呼吁："要平等！要亲民！要有服务意识！"，于是，上到局长，下到科长，都搬到行政服务中心上班去了，身体力行地贯彻执行服务意识。

- 一个朋友给我打电话，向我打听一个人。我一听名字，是我曾经带过的一个女徒弟。他告诉我，女生来他这儿求职，想跟我了解一下这个女生到底怎么样。我告诉他四句话：悟性很好、一教就会、工作认真、吃苦耐劳。完全大实话，没有半点儿水分在里面。希望她求职成功，工作和情感都能有个好归宿。

- 给排水男给我讲了一个与专业相关的脑筋急转弯：建筑、水、电信专业一起出差，仨人约好去酒店的游泳池游泳，建筑先到了健身中心前台，前台告知今天游泳池停电，不开放。建筑专业把这一消息告诉水电二人，于是仨人扫兴而归各回酒店房间。回房后，建筑该干吗干吗，洗脚看电视，而水电专业瞬间气炸发现自己受骗了。（请问这到底是怎么回事？）

- 你们有没有遇到过这样一种人，觉着自己学历还不错，第一次见面就爱问别人是哪个学校毕业的。结构男今儿被人问道："你是哪个学校毕业的？"他幽幽地回答："同济。"于是话题终止，大家尴尬了一分钟。（地球人都知道同济大学的土木工程专业"宇宙第一"。）所以，请不要小看身边穿着裤衩拖鞋的结构男，不要被他们混沌不羁的外表所蒙蔽，每一个结构男也许都是曾经的学霸。

- 想起来一件好玩儿的事，我刚毕业时，发现带我画图的专业负责人正在自学 SU，对于他这个年纪的人来说，学个电脑软件真心不容易，于是我送给他一本 SU 入门的书，并告诉他，我就是看着这本书学会的。但是，他接过书的一刹那，竟然当场脸红了！一个大老爷们儿在我面前脸红了！（我也没干什么呀……）

- 我经常收到大段大段的留言："如何提高自己的设计水平？"（这问题为啥问我？我是多有自知之明。）但我还是会耐心解答：到实际工程中去，这是最直接的方式与途径。学校是象牙塔，而实际的工程是火焰山，是小雷音寺，是九九八十一难。这是任何一个优秀的建筑师，都必须挽起袖子经过的历练。

⦾ 在连续一周加班到午夜12点之后，终于有了步行和电影的时间。步行，救赎的是肉体；电影，拯救的是灵魂。

⦾ 中午和一个身材特别好的肌肉同事吃饭，跟他聊起如何能在高强度的工作中保持好身材。他与我分享了两条健身秘籍：

A. 每天做一定时间的平板支撑。

B. 公司距离他家一共六站地铁，共十公里，他经常坐三站地铁，最后五公里跑回家……

请注意是跑回家！人，若是想健身，忙，根本不是理由。

⦾ 六点钟一到，超高层写字楼里的电梯闸口排山倒海蜂拥而出各路牛鬼蛇神，平日里正装笔挺的家伙们，一个个把衬衫揪出西裤之外，衣冠不整，勾肩搭背地走出大堂。他们并不是金领，只是辛苦谋生的男人，这一周装得很辛苦，揪出衣角的那一刹那，即刻迎来真正的自我，并预示着，期盼已久的周末终于到来。

⦾ 单位建了一个非官方的微信群，群里大约几十个人，旨在组织大家周末约着踢球专用。我作为唯一一个女生被拉进了这个群，目前很尴尬。特别想问问群主是怎么想的？到底想让我在场上打什么位置？

- 夜里，在规划局等着开会。规划局大门口每到晚上八点就会有一小撮儿跳广场舞的阿姨们热辣起舞，音乐很有节奏感。到了十点，规划局散会。发现跳舞的阿姨们也"散会"了。出了规划局大门忽然有些恍惚，这就是城市啊……不同的人们，晚上忙着不同的事。无论你是谁，都有自己的乐。

- 下班后，男同事给我打电话，我以为是关于图纸的事。结果，他慌慌张张地说："罗工，我车爆胎了，你会用千斤顶吗？"我一怔……突然领悟到，同事眼中的我和自己眼中的我差距还是挺大的。

- 有一天，同学 A 在微信群里求助："谁画过自行车棚的施工图？"同学 B 回应："那玩意儿不用画，注上详二次设计。"同学 A 委屈道："详到我这儿来了，我，就是二次设计！"

- 跟高水平的结构男配合项目，完全相当于挂了一个专家门诊，问题迎刃而解不说，过程还如沐春风！

- 看到自己当年费老大劲投标却没中的项目，已经盖起来并交房，且阳台已经晒起被子来的感觉……不亚于看见前男友在朋友圈里九张图晒孩子已经能打酱油时的惊愕。

- 建筑大师的厉害之处，不仅仅是造访他的建筑时让人感叹这空间多好，或者他标志性的设计语汇让人敬仰不已。而是在设计中遇到同样的一个瓶颈，他可以用最巧妙的方法，将问题迎刃而解，这是几十年功力的积淀，让人望尘莫及。我有幸遇到过这样的大师，建筑这个行业，身教终胜于言传。

● 所有外部的、影响我们的、消磨我们的事物，皆因我们的内在世界不够丰盈坚定。责怪，埋怨，不如独善其身，将自我身心皆修炼得日渐强大。你以为古人闭关闭的是什么？闭的是万丈红尘，退一步，剥茧抽丝，重塑自我。

后记　明月松间照

　　《将建筑进行到底——建筑师的成长手记》《世间唯建筑与旅行不可辜负》《建筑师生存手记》三部手稿的完成，三十余万文字，近十年的建筑与写作人生。

　　写作，于方寸天地与尽心意，却无法写尽所有，我依旧是这样愚钝与木讷，能表达出的情感，始终是万分之一。所经历的世事，能用文字书写出来的，只是沧海中的几瓢。删删减减，又修修改改，所述之人物，交叠穿插于不同的故事与时空之中，而那些刻骨铭心的记忆，却深藏于心，仅待午夜梦回之时，细细回味。

工作，是最好的修行。

前几日遇到一位与我同龄的"曾经"建筑师，他麻省理工学院（MIT）毕业之后转行，做一份自己真正喜欢的事业。他告诉我，他但凡有一口饭吃，就不会再回头去画图。他劝我，为什么不懂得放下？干脆去从事文字工作？还舍不得那点儿图纸吗？我一时语塞，其实我心里偷偷想的是，但凡我有一口饭吃，我就还想画图。画图是病，有瘾……

白天的我，大部分时间都在通过电话、邮件、通信平台、跑工地现场来协调项目上遭遇的各种问题，解决业主方、二次配合方还有结构水暖电抛来的花式烦恼。夜幕降临之际，则可以戴上耳机，在完全没有人打扰的情况下安静地画图。我很享受孤独的画图时光，多过白天的"刀枪棍棒"，白天用来发现问题，晚间用来解决问题，只有此时才能达到进入融入自我世界里的"人机合一"。

而写作，更是夜晚的延续，很多时候，在家里摊开电脑时，已然过了十一点。我习惯性地把笔记本电脑用书本垫高，为了缓解由于久坐而导致的腰椎与颈椎的疲劳负荷。但肉身上的疼痛完全阻挡不了指尖的直抒胸臆。我仿佛有太多的话要说，每个人都需要一个出口，一个让自己在迷宫里挣扎盘旋但终究存在的出口。而写作，即是这个出口。那一刻，是幸福的。

写作与画图有很多共同之处，最高效的时段，都是在夜幕降临之后。万籁俱寂，不被打扰，直面自己的内心，任何事情，如果你真的热爱它，就不会觉得孤独而辛苦。

前几年出版的那两本小书，《将建筑进行到底——建筑师的成长手记》（将建）与《世间唯建筑与旅行不可辜负》（唯建），风格有些许差别。有读者问，为什么我的写作方向总是变化？因为年纪、阅历、对生命的体悟……一直无法停留在原地，不是我主观地调整写作方向，而是，每多走一步，抑或少走一步，我们都遇到了不一样的人，也看到了不一样的风景。

也有年轻的读者反馈，更喜欢我的《将建》一书，因为那里有大家此时正在经历的成长、阵痛、追逐和求而不得。《将建》一书是在我人生中的一段特殊状态下完成的十六万字，那是青春的一个缩影，很多观点在此刻看来，尚不成熟，或者说，你看到了它，便看到了我的前半生。而《唯建》是我的第一本图文书，它是平行于《将建》的另一个自我，是寄生于锅碗瓢盆电饭锅的，整日天雷勾动地火运转的，瞬时的，短暂的世外桃源。

只要是记录，终究是好的。

我也经历过彷徨，被质疑，我也曾求而不得，爱而不得，我花了好长的时间成长，也花了好长的时间来重新认识自己。

感谢庄惟敏先生在他术后尚未痊愈之时，坚持伏案为我的新书作序。

感谢匠人无寓再次出山为我的小书画画。

明月松间照，那个小女孩，上山下海，乘风破浪。

罗松写于 2018 年深秋